高等职业教育土木建筑类专业新形态教材

建筑电气施工技术

主 编 侯 冉
副主编 岳井峰 石玉博

北京理工大学出版社
BEIJING INSTITUTE OF TECHNOLOGY PRESS

内容提要

本书是一本按照项目化教学方法编写的涵盖当前主要建筑电气安装工程施工工艺、质量检验等内容的活页式教学用书，具有较强的针对性和实用性。全书各部分均以典型建筑电气安装工程为案例进行讲解，内容包括建筑电气安装工程施工准备、室内配线工程、照明装置安装、变配电设备安装、防雷接地工程、室外电缆线路施工。全书按照《建筑电气工程施工质量验收规范》（GB 50303—2015）及其相关规范、标准等文件编写。

本书可作为高职高专院校建筑电气工程技术专业、建筑智能化工程技术专业和其他相近专业的教材，也可作为建筑类本科建筑电气相关专业的教学用书，还可作为从事建筑安装工程施工的工程技术管理人员的培训及参考用书，特别适用建筑电气安装工程施工员岗位从业者及初学者。

版权专有　侵权必究

图书在版编目（CIP）数据

建筑电气施工技术 / 侯冉主编.--北京：北京理工大学出版社，2021.10（2024.1重印）
　ISBN 978-7-5763-0520-3

　Ⅰ.①建…　Ⅱ.①侯…　Ⅲ.①房屋建筑设备－电气设备－电气施工－工程施工－教材　Ⅳ.①TU85

中国版本图书馆CIP数据核字（2021）第211200号

责任编辑：阎少华		**文案编辑**：阎少华	
责任校对：周瑞红		**责任印制**：边心超	

出版发行 / 北京理工大学出版社有限责任公司	
社　　址 / 北京市丰台区四合庄路6号	
邮　　编 / 100070	
电　　话 / （010）68914026（教材售后服务热线）	
（010）68944437（课件资源服务热线）	
网　　址 / http：//www.bitpress.com.cn	
版 印 次 / 2024年1月第1版第2次印刷	
印　　刷 / 河北鑫彩博图印刷有限公司	
开　　本 / 787 mm×1092 mm　1/16	
印　　张 / 11	
字　　数 / 272千字	
定　　价 / 48.00元	

图书出现印装质量问题，请拨打售后服务热线，负责调换

FOREWORD 前言

随着我国建筑事业的不断向前发展，建筑电气安装工程在民用建筑中占据着非常重要的地位。当前建筑电气安装工程领域新材料、新设备、新工艺、新方法不断涌现，国家建筑技术标准、规范的日益更新，迫切需要掌握新工艺、新技术的施工现场一线技术人才。本书写作团队具有多年建筑电气施工技术教学经验及工程实践经验，并与企业技术人员密切合作，按照施工企业操作规程，在依据《建筑电气工程施工质量验收规范》（GB 50303—2015）及其相关规范、标准等文件的基础上，共同编写对施工现场一线管理人员具有指导意义的活页式教材。

本书在编写过程中，按照国家职业教育改革实施方案及学校在双高建设过程中为适应新形势下"三教"改革需要，在项目化教学课程改革成果的基础上对书稿进行了重新的编排，充分考虑了如何更好地培养适应施工现场技术管理需要的复合型技术技能人才。本书具有以下特点：

（1）反映了当前"三教"改革的主要方法和趋势，以案例为主导，以情境为任务，采用项目化教学设计，活页式教材形式。

（2）尊重职业教育的特点和发展趋势，合理把握"基础知识够用为度、注重专业技能培养"的编写原则。

（3）注重反映建筑电气施工技术领域出现的新材料、新技术、新工艺，以国家最新执行的国家标准和规范为蓝本。

（4）内容安排上以施工现场技术管理人员岗位工作中的施工方案、技术交底和质量验收为主线，注重与岗位实际工作需要的无缝对接，不需要对知识进行转换处理。

（5）安排了工作任务，设计专门的表格供考核使用。

本书由辽宁建筑职业学院侯冉担任主编，辽宁建筑职业学院岳井峰、沈阳天航伟业机电设备安装工程有限公司石玉博任副主编。具体分工：项目二、四、五由侯冉编写，项目一由岳井峰编写，项目三、六由石玉博编写。侯冉负责组织编写及全书整体统稿工作。

前 言　FOREWORD

  本书在编写过程中，编者查阅了大量公开或内部发行的技术资料和书刊，借用了其中一些图表及内容，在此向原作者致以衷心的感谢。

  由于编者水平有限，加之时间仓促，书中难免存在缺漏和错误之处，敬请广大读者和专家批评指正。

编　者

CONTENTS 目录

项目一　建筑电气安装工程施工准备……1
- **任务一　建筑电气安装工程施工基础知识**…1
  - 一、建筑电气安装工程的分类、特点与组成……2
  - 二、建筑电气安装工程施工的三大阶段……4
  - 三、电气安装工程与土建工程的配合……5
  - 四、低压配电系统………5
  - 五、常用电气材料设备及工具………8
  - 六、建筑电气安装工程施工应遵循的标准、规范、图集………13
- **任务二　建筑电气安装工程质量评定和验收**………14
  - 一、建筑电气工程施工质量评定标准…15
  - 二、建筑电气安装工程分部分项工程项目的划分………16
  - 三、建筑电气工程质量检验………17
  - 四、工程验收的相关规定………18
- **任务三　建筑电气安装工程图识读**………21
  - 一、建筑电气工程图的组成及特点………22
  - 二、建筑电气工程图的识读程序………25
  - 三、建筑电气安装工程图的符号标注表示意义………26
  - 四、图纸会审的主要内容………33
  - 五、图纸会审的程序步骤………33

项目二　室内配线工程………35
- **任务一　电气配管**………35
  - 一、电气配管的管材及特点………36
  - 二、施工基本要求………37
  - 三、施工工艺流程………38
- **任务二　管内穿线**………45
  - 一、管内穿线基本知识………47
  - 二、施工基本要求………47
  - 三、施工工艺流程………48
- **任务三　电缆桥架安装**………56
  - 一、桥架基本知识………57
  - 二、施工基本要求………58
  - 三、施工工艺流程………59

项目三　照明装置安装………67
- **任务一　灯具安装**………67
  - 一、照明基本知识………69
  - 二、施工基本要求………69
  - 三、施工工艺流程………70

CONTENTS

任务二　开关、插座安装 ················· 76
　一、开关、插座基本知识 ················· 78
　二、施工基本要求 ····················· 78
　三、施工工艺流程 ····················· 79

项目四　变配电设备安装 ················· 85
　任务一　配电柜安装 ··················· 85
　　一、常见的低压配电装置 ··············· 87
　　二、施工基本要求 ··················· 88
　　三、施工工艺流程 ··················· 90
　任务二　配电箱安装 ··················· 97
　　一、配电箱的分类 ··················· 99
　　二、施工基本要求 ··················· 99
　　三、施工工艺流程 ··················· 99

项目五　防雷接地工程 ··················· 108
　任务一　防雷装置安装 ·················· 108
　　一、防雷装置 ······················· 109
　　二、施工基本要求 ··················· 110
　　三、施工工艺流程 ··················· 111
　任务二　接地装置安装 ·················· 131
　　一、接地装置工程 ··················· 133
　　二、施工基本要求 ··················· 135
　　三、施工工艺流程 ··················· 136

项目六　室外电缆线路施工 ················ 150
　　一、电缆的基本知识 ················· 152
　　二、施工基本要求 ··················· 154
　　三、施工工艺流程 ··················· 157

参考文献 ···························· 170

项目一　建筑电气安装工程施工准备

任务一　建筑电气安装工程施工基础知识

班级：_____　姓名：_____　学号：_____　日期：_____　测评成绩：_____

工作任务	施工前的准备	教学模式	项目教学＋任务驱动
建议学时	6学时	教学地点	多媒体教室
任务描述	公司经投标取得某综合楼建筑电气安装工程施工任务，需要在工程开工前组织员工进行业务培训，提高工程技术交底的水平，做好开工前的一切准备，确保工程质量。施工图纸详见附录。 1. 找出该工程施工图的低压配电系统的配电方式及接地形式，填写表1-2。 2. 列出该工程施工图中普通照明所使用的电线、电缆及电气配管所使用的材料类型，填写表1-3			
学习目标	1. 能说明建筑电气工程的特点； 2. 能知道建筑电气工程各施工阶段的工作，完成与土建工程的配合； 3. 能分辨出低压配电系统的配电方式和接地形式； 4. 能识别出图纸使用的电线、电缆及电气配管的材料类型； 5. 能够主动获取信息，展示学习成果			
任务实施	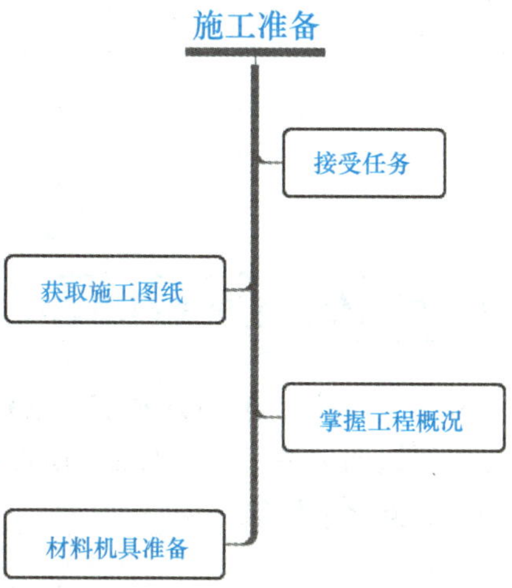 施工准备 ├─ 接受任务 ├─ 获取施工图纸 ├─ 掌握工程概况 └─ 材料机具准备			

续表

实施要点	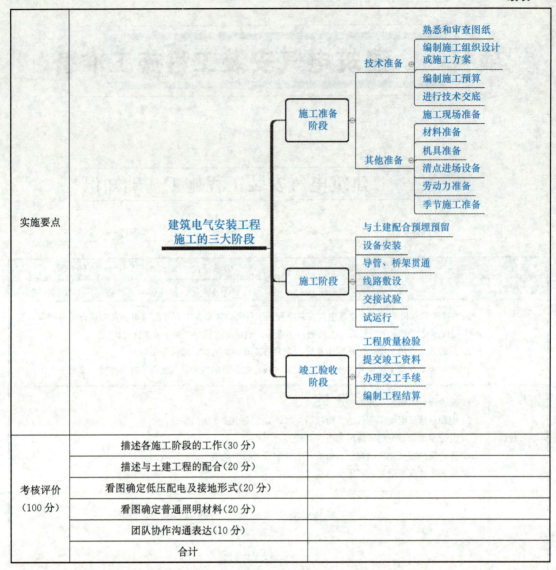	
考核评价（100 分）	描述各施工阶段的工作(30 分)	
	描述与土建工程的配合(20 分)	
	看图确定低压配电及接地形式(20 分)	
	看图确定普通照明材料(20 分)	
	团队协作沟通表达(10 分)	
	合计	

知识准备

一、建筑电气安装工程的分类、特点与组成

建筑电气安装工程具有输送与分配电能(通过变配电系统实现)、应用电能(通过照明及动力系统实现)和传递信息(通过弱电系统,如电话、电视系统等实现)的功能,以此来实现为广大用户提供舒适、便利、安全的建筑环境。

1. 建筑电气安装工程的分类

建筑电气安装工程根据划分的方式不同,可以有不同的分类方式。下面介绍两种常用的分类方式。

(1)按电压高低划分。根据建筑电气工程的电压的高低，人们习惯将其分为强电工程（电力工程）和弱电工程（信息工程）两种。所谓强电就是电力、动力、照明等用的电能；所谓弱电则是指传播信号、进行信息交换的电能。由此便有了关于强电系统和弱电系统的提法。

1）强电系统。强电系统可以将电能引入建筑物，经过用电设备转换成热能、光能和机械能等。常见的强电系统有变配电系统、动力系统、照明系统及防雷系统等。强电系统的特点是电压高、电流大、功率大。

2）弱电系统。弱电系统可以完成建筑物内部及内部与外部之间的信息传递和交换工作。常见的弱电系统有通信系统、共用天线与有线电视接收系统、火灾自动报警与消防联动系统、安全防范系统、公共广播系统等。弱电系统的特点是电压低、电流小、功率小。

(2)按功能划分。按照建筑电气工程的功能可划分为供配电系统、建筑动力系统、建筑电气照明系统、建筑弱电系统和防雷减灾系统五大系统。

1）供配电系统。供配电系统是指接受电网输入的电能，并进行检测、计量、变压等，然后向用户和用电设备分配电能的系统。其由变配电所、高低压线路、各种开关柜、配电箱等组成。

2）建筑动力系统。建筑动力系统是指以电动机为动力的设备、装置及其启动器、控制柜(箱)和配电线路安装的系统。

3）建筑电气照明系统。建筑电气照明系统是可以将电能转换为光能的电光源进行采光，以保证人们在建筑物内正常从事生产和生活活动，以及满足其他特殊需要的照明系统。其是由灯具、开关、插座及配电线路等组成。

4）建筑弱电系统。建筑弱电系统是指将电能转换为信号能，保证信号准确接收、传输和显示，以满足人们对各种信息的需要和保持相互联系的各种系统。其由电视天线系统、数字通信系统和广播系统等组成。

5）防雷减灾系统。防雷减灾系统主要包括安全用电系统、防雷与接地系统、火灾自动报警与消防联动系统。

2. 建筑电气安装工程的特点

建筑电气安装工程对象种类繁多，涉及范围广，理论性强，技术复杂，质量要求高。除一般照明工程、动力工程、变配电工程、电缆工程外，还有弱电安装工程，以及这些工程的检测和调试工作等。

建筑电气安装工程的特点：施工作业空间范围广，施工周期长，原材料品种多；手工作业多，工序复杂；工程质量直接影响生产运行及人身安全。

有些建筑电气设备安装工程是高空作业，这就要求从事电气安装工作的人员既要具有一定的理论知识，又要熟悉工艺流程和技术要求及安全操作规程，还要对相关工种（如钳工、焊工等）的简单操作技术有所了解，才能适应这一工作。

3. 室内电气照明系统的组成

室内电气照明系统是建筑电气安装工程中应用最为广泛的系统，其基本组成包括室外接户线、进户线、配电盘(箱)、干线、支线和用电设备等，如图1-1所示。

(1)室外接户线。由室外架空供电线路的电线杆上或地下电缆接至建筑物外墙的支架间的一段线即为室外接户线。其通常是三相四线（三火一零）。

(2)进户线。从外墙至总配电盘(箱)的一段导线即为进户线。

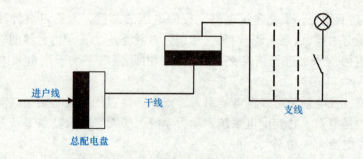

图 1-1　室内电气照明系统组成

(3) 配电盘（箱）。配电盘（箱）用来接受和分配电能，记录切断电路，并起过载保护作用。

(4) 干线。由总配电盘（箱）到分配电盘的线路即为干线。

(5) 支线。由分配电盘引出至各用电设备的线路即为支线，也称为回路。

(6) 用电设备。用电设备是消耗电能的装置。

二、建筑电气安装工程施工的三大阶段

建筑电气安装工程的施工可分为三大阶段，即施工准备阶段、施工阶段和竣工验收阶段。

(一) 施工准备阶段

施工准备阶段是指工程施工前将施工必需的技术、物资、劳动组织、生活等方面的工作事先做好，以备正式施工时组织实施。施工准备工作内容较多，按工作范围一般可分为阶段性施工准备和作业条件的施工准备。阶段性施工准备，是指开工之前对工程所做的各项准备工作；作业条件的施工准备，是指为某一施工阶段，某分部、分项工程或某个施工环节所做的准备工作，它是局部性、经常性的施工准备工作。

施工准备通常包括施工技术准备、施工其他准备，其中施工其他准备又包括施工现场准备，物资、机具及劳力准备与季节施工准备。

1. 施工技术准备

(1) 熟悉和审查图纸。熟悉和审查图纸包括识读图纸，了解设计意图，掌握设计内容及技术条件，会审图纸，核对土建与安装图纸之间有无矛盾和错误，明确各专业间的配合关系。

(2) 编制施工组织设计或施工方案。编制施工组织设计或施工方案是做好施工准备的核心内容。建筑电气安装工程必须根据工程的具体要求和施工条件，采用合理的施工方法。每项工程都需要编制施工组织设计，以确定施工方案、施工进度和施工组织方法，作为组织和指导施工的重要依据。

(3) 编制施工预算。按照施工图纸的工程量、施工组织设计（或施工方案）拟订的施工方法，参考建筑工程预算定额和有关施工费用规定，编制出详细的施工预算。施工预算可以作为备料、供料、编制各项具体施工计划的依据。

(4) 进行技术交底。工程开工前，由设计部门、施工部门和业主等多方技术人员参加的技术交底是施工准备工作不可缺少的一个重要步骤，是施工企业技术管理的一项主要内容，

也是施工技术准备的重要措施。

2. 施工其他准备

施工其他准备主要包括施工现场准备，物资、机具及劳动力准备与季节施工准备。

(二) 施工阶段

(1) 前期与土建工程的配合阶段，应按要求将需要预留的孔、洞、预埋件等设置好；设备的进线管也应按设计要求设置好；基础槽钢、地脚螺栓应保证位置正确，标高误差符合要求。

(2) 各类线路的敷设应按图纸施工，并符合验收规范的各项要求。

(3) 所有电气设备均应按设计要求进行安装、接线，并按规程要求进行有关的试验，完成相应的试验记录和报告。

(4) 对安装好的电气设备在移交给建设单位之前，应按规定单独或配合机械设备进行单体试运行或联合试运行。试验合格后，由建设单位、监理单位和施工单位签字作为交工验收的资料。

(5) 电气工程施工外部衔接。

1) 与材料和设备供应商的衔接；

2) 与土建工程配合是电气工程施工程序的首要安排；

3) 与建筑设备安装工程其他施工单位的配合；

4) 与装饰装修工程的衔接。

(三) 竣工验收阶段

试运行符合要求以后，施工单位按照施工图和施工验收规范，提交竣工资料，及时办理交工手续，编制工程结算。交工时必须将隐蔽工程记录、检查记录、试运行记录等有关资料交建设单位存档。

三、电气安装工程与土建工程的配合

在工业与民用建筑安装工程中，电气安装工程施工与主体建筑工程有着密切的关系。例如，配管、开关电器及配电箱的安装等都应在土建施工过程中密切配合，做好预留或预埋工作。

对于明配工程，若建筑内支架沿墙敷设时，应在土建施工时预埋好。其他室内明配工程，可在抹灰及表面装饰工作完成后再进行施工。

对于钢筋混凝土建筑物的暗配工程，应在浇筑混凝土前将一切管路、灯位盒、接线盒、开关盒、插座盒、配电箱箱底等全部预埋好，其他工程待混凝土达到安装强度后再施工。

四、低压配电系统

1. 低压配电系统的组成

低压配电系统由配电装置（配电盘、配电箱）和配电线路两部分组成。

2. 低压配电系统的配电方式

低压配电系统的配电方式有放射式、树干式和混合式三种，如图 1-2 所示。

(1) 放射式。放射式的配电方式是各配电装置通过配电线路从总配电装置处呈放射状配置。这种配电方式具有各负荷能够独立进行受电，发生故障时影响范围较小，仅限于本回路，不影响其他回路正常工作的特点。但整个回路中所需开关设备及导管导线耗量较大。因此，放射式配电方式多用于对供电可靠性要求较高的系统。目前，很多住宅楼中的底层集中计量就是使用此种配电方式。

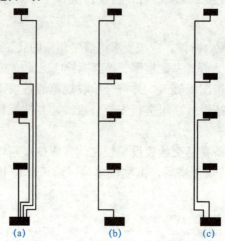

图 1-2 配电方式分类示意图
(a)放射式；(b)树干式；(c)混合式

(2)树干式。树干式的配电方式是各配电装置分布在从总配电装置处送出的配电线路上，像树干一样配置。这种配电方式具有开关设备用量少，配电管材及导线用量也较少的特点。但一旦干线发生故障将影响整个配电网络，影响范围大，供电可靠性较低。此种配电方式在高层建筑中应用较多。

(3)混合式。在很多情况下，往往在设计时将放射式和树干式结合起来配电，以充分发挥这两种配电方式的优点，称其为混合式配电。

3. 低压配电系统接地的概念

在此，先介绍几个在前面学习中常用到的概念，具体内容将在防雷接地部分讲述。

(1)功能性接地。功能性接地是指为了保证电气设备正常运行或电气系统低噪声而进行的接地。

(2)保护性接地。保护性接地是指为了防止人身或设备遭电击造成损害而进行的接地，即对设备外露可导电部分(金属外壳)进行的接地。对于保护接地又有接地和接零两种情况。

1)接地是指电气设备的外露可导电部分(金属外壳)直接对地进行的电气连接。如防雷接地，该接地是为了引导雷电流而设置的接地。在后面即将学习的 TT 系统和 IT 系统中采用的就是此种接地。

2)接零是指电气设备的外露可导电部分通过保护线(PE)或 PEN 线与电力系统的中性点(接地点)直接进行的电气连接。在后面即将学习的 TN 系统中采用的就是此种接地。值得注意的是，俗称的地线就是所说的保护线。

(3)重复接地。重复接地是指在保护线(PE)或 PEN 线上一点或多点接向大地的接地形式。该接地在民用建筑中应用较为广泛，通常在单元门入口的总配电箱处进行设置，在后面会详细讲述。

4. 低压配电系统的接地形式

低压配电系统的接地形式通常可分为 TN 系统、TT 系统和 IT 系统三种。在建筑电气工程中常见的为 TN 系统。

(1)TN 系统。TN 系统是指电力系统中性点直接接地,受电设备的外露可导电部分(通常为金属外壳)通过保护线(PE)与接地点连接,引出中性线(N)和保护线(PE)。中性线(N)可以引出 220 V 电压,用来接单相设备;保护线(PE)用来保护人身安全,防止发生触电事故。我国建筑配电系统普遍采用该接地系统。

根据中性线和保护线的引出方式不同,TN 系统又可分为以下三种系统:

1)TN-S 系统。TN-S 系统又称为五线制系统,其特点是整个系统的中性线(N)与保护线(PE)是分开的,如图 1-3 所示,主要应用在高层建筑或公共建筑。

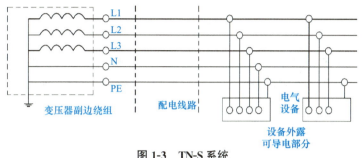

图 1-3　TN-S 系统

2)TN-C 系统。TN-C 系统又称为四线制系统,其特点是整个系统的中性线(N)与保护线(PE)是合一的,如图 1-4 所示。其主要应用在三相动力设备比较多的系统中,如工厂、车间等,因为少配一根线,比较经济。

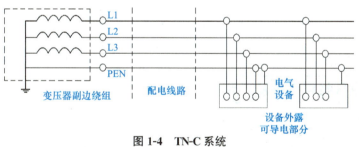

图 1-4　TN-C 系统

3)TN-C-S 系统。TN-C-S 系统又称为四线半系统,其特点是系统中前一部分线路的中性线(N)与保护线(PE)是合一的,如图 1-5 所示。其主要应用在配电线路为架空配线,用电负荷较分散、距离又较远的系统中,但要求线路在进入建筑物时,将中性线进行重复接地,同时再分出一根保护线,因为外线少配一根线,比较经济。一般民用建筑物中常使用此种接地方式。

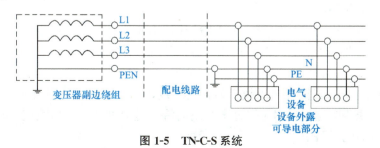

图 1-5　TN-C-S 系统

(2) TT 系统。TT 系统是指电力系统中性点直接接地，受电设备的外露可导电部分通过保护线接至与电力系统接地点无直接关联的接地极，保护线可各自设置，如图 1-6 所示。

图 1-6　TT 系统

(3) IT 系统。IT 系统是指电力系统的带电部分与大地间无直接连接或有一点经足够大的阻抗接地，受电设备的外露可导电部分通过保护线接至接地极，如图 1-7 所示。此种接地多用于煤矿和工厂，可减少停电机会。

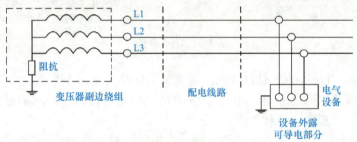

图 1-7　IT 系统

五、常用电气材料设备及工具

1. 裸导线

裸导线即没有外包绝缘的导体。其可分为圆单线、裸绞线、软接线等。常在室外架空线路中使用。

(1) 圆单线。圆单线可单独使用，也可做成绞线。其是构成各种电线电缆线芯的单体材料。

圆单线可用于制造电线电缆，也可用于制造电机、电器等。

(2) 裸绞线。裸绞线是由多根圆线或型线绞合而成的，广泛用于架空输电电路。其品种较多，主要有以下几种：

1) 铝绞线和钢芯铝绞线。铝绞线由圆铝绞线绞制而成，其机械性能比较低，用于一般架空配电线路；钢芯铝绞线的内部为加强钢芯，其机械性能高于铝绞线，广泛用于各种输配电线路。

2) 铝合金绞线和钢芯铝合金绞线。铝合金绞线由铝合金圆线绞制而成，其强度较大，可在一般输配电线路中应用；钢芯铝合金绞线的特点是强度较高，超载能力较大，常被用于重冰区大跨越输电线路中。

3)软铜绞线。软铜绞线主要用于电气装置及电子电器设备或元件的引接线,也被用来制作移动式接地线。

2. 型线

型线有矩形、梯形及其他几何形状的导体,可以独立使用,如电车线、各种母线等,也可用于制造电缆及电气设备的元件,如变压器、电抗器、电机的线圈等。

(1)铜母线。铜母线主要用于制造低压电器、电机、变压器绕组及供配电装置中的导体。

(2)铝母线。铝母线主要用于电机、电器、配电装置的制造,以及供配电装置中的导体。

3. 绝缘导线

绝缘导线在建筑电气安装工程中应用较为广泛。

(1)型号表示方法。常用的绝缘导线按照绝缘材料的不同可分为橡皮绝缘和聚氯乙烯绝缘两种导线。目前橡皮绝缘导线已很少使用。按照线芯材料的不同可分为铜线和铝线两种。按照线芯的性能指标可分为硬线和软线两种。导线的上述特点通过其型号表现出来,常用绝缘导线的型号、名称和用途具体见表1-1。

表1-1 常用绝缘导线的型号、名称和用途

类型	名称	型号		用途
		铜芯	铝芯	
橡皮绝缘导线	棉纱编织橡皮绝缘导线	BX	BLX	适用交流500 V以下的电气设备及照明装置
	氯丁橡皮绝缘导线	BXF	BLXF	
	橡皮绝缘软线	BXR		
塑料绝缘导线	聚氯乙烯绝缘导线	BV	BLV	适用各种交、直流电器装置,电工仪表、仪器,电信设备,动力及照明线路固定敷设用
	聚氯乙烯绝缘聚氯乙烯护套圆形导线	BVV	BLVV	
	聚氯乙烯绝缘聚氯乙烯护套平行导线	BVVB	BLVVB	
	聚氯乙烯绝缘软导线	BVR		
	耐热105 ℃聚氯乙烯绝缘软导线	BV-105		
	聚氯乙烯绝缘软导线	RV		适用各种交、直流电器,电工仪表、家用电器、小型电动工具、动力及照明装置的连接
	聚氯乙烯绝缘平行软导线	RVB		
	聚氯乙烯绝缘绞型软导线	RVS		
	耐热105 ℃聚氯乙烯绝缘连接软线	RV-105		

导线型号中的字母具有如下含义:

B(B)——第一个字母表示布线,第二个字母表示玻璃丝编织。

V(V)——第一个字母表示聚氯乙烯(塑料)绝缘,第二个字母表示聚氯乙烯护套。

L(L)——表示铝,无"L"表示铜。

F——复合型。
R——软线。
S——双绞。
X——绝缘橡胶。

(2)种类。

1)塑料绝缘导线。

①聚氯乙烯绝缘导线可分为铜芯和铝芯。铝芯绝缘导线型号为BLV，铜芯绝缘导线型号为BV，10 mm² 以下的还可以直接制成双芯电线，绝缘导线形状为扁形。塑料绝缘电线可以制成多种颜色。绝缘导线表面光滑、色泽鲜艳、绝缘强度高，不易引燃。

②聚氯乙烯加护套线可分为铜芯塑料护套线和铝芯塑料护套线。铜芯塑料护套线型号为BVV；铝芯塑料护套线型号为BLVV。塑料护套线是在聚氯乙烯绝缘层再加上一层聚氯乙烯护套。塑料护套线可分为单芯、双芯、三芯，双芯和三芯是扁形的。

③聚氯乙烯绝缘软线(也称塑料软线)可分为平行塑料绝缘软线和双绞塑料绝缘软线，平行塑料绝缘软线型号为RVB，双绞塑料绝缘软线型号为RVS。导线的线芯是由许多根铜丝组成的软铜线束，外包聚氯乙烯绝缘层。塑料软线有多种颜色，具有柔软、色泽鲜艳、不易引燃的特点。这种导线是供交流额定电压为250 V及以下室内日用电器连接线和做照明灯头线。

④丁腈聚氯乙烯复合物绝缘软线可分为双绞复合物软线和平行复合物软线。双绞复合物软线型号为RFS；平行复合物软线型号为RFB。线芯为多芯铜线束，绝缘护层为丁腈-聚氯乙烯复合物。这种导线绝缘性良好，并具有耐寒、不易老化、不易引燃的性能。

2)橡皮绝缘导线。

①棉纱纺织橡皮绝缘线有BX和BLX两个型号。

②玻璃丝纺织橡皮绝缘导线有BBX和BBLX两个型号。

值得注意的是，上述两种导线已被塑料绝缘线所取代。

③氯丁橡皮绝缘线有铜芯、铝芯两个品种，型号为BXF和BLXF。其适宜室外敷设，不推荐用于穿管敷设。

4. 电缆

(1)电缆的分类。

1)按电缆构造及作用不同，可分为电力电缆、控制电缆、电话电缆、射频同轴电缆、移动式软电缆等。

2)按电压高低可分为低压电缆(小于1 kV)、高压电缆。其工作电压等级有500 V和1 kV、6kV及10 kV等。

(2)电力电缆的基本结构。电力电缆的基本结构一般由线芯、绝缘层和保护层三部分组成，如图1-8所示。线芯用来输送电流，有单芯、双芯、三芯、四芯和五芯之分；绝缘层是将导电线芯与相邻导体及保护层隔离，用来抵抗电力、电流、电压、电场等对外界的作用，保证电流沿线芯方向传输，绝缘层材料通常采用纸、橡皮、聚氯乙烯、聚乙烯、交联聚乙烯等；保护层是为使电缆适应各种外界环境而在绝缘层外面所加的保护覆盖层，保护电缆在敷设和使用过程中免遭外界破坏。

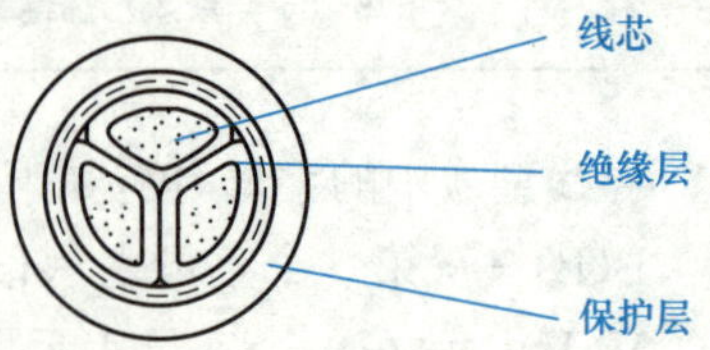

图1-8 电力电缆基本结构

5. 配线用管材

按照材料的不同，配线中常用的管材有金属管和塑料管两种，在建筑电气工程中常称为电线保护管或电线管，具体如图1-9所示。

(1)金属管。在建筑电气配管工程中常使用的钢管有厚壁钢管、薄壁钢管、金属波纹管和普利卡金属套管4类。

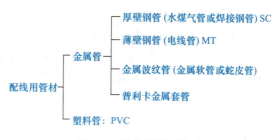

图1-9 配线用管材构成

1)厚壁钢管。厚壁钢管在图纸上用SC表示，用作电线电缆的保护管，可以暗配于一些潮湿场所或直埋于地下，也可以沿建筑物、墙壁或支吊架敷设。其有镀锌和不镀锌之分，规格型号为公称直径15、20、25、32、40、50、65、80、100、125、150(mm)等。所谓公称直径，既不是实际的内径，也不是实际的外径，而是称呼直径。其直径数值近似管子的实际内径。如公称直径为25 mm的钢管，实测其内径为25.4 mm左右。通常用于钢管描述中，以符号"DN"表示。

2)薄壁钢管。薄壁钢管在图纸上用MT表示，多用于敷设在干燥场所的电线、电缆的保护管，可明敷设或暗敷设。

3)金属波纹管。金属波纹管主要用于设备上的配线。

4)普利卡金属套管。普利卡金属套管是电线电缆保护套管的更新换代产品。其由镀锌钢带卷绕成螺纹状，属于可挠性金属套管。

(2)塑料管。常用的塑料管有硬质塑料管、半硬质塑料管和软塑料管三种。配线所用的塑料管多为PVC(聚氯乙烯)塑料管。PVC硬质塑料管工程图标注代号为PC(旧代号为SG或VG)。

6. 常用控制设备及低压电器

控制设备及低压电器是指电压在500 V以下的各种控制设备、继电器及保护设备等，常用的有各种配电柜(屏)、控制台、控制箱、配电箱、控制开关等。

(1)配电箱。配电箱按照是否现场制作可分为成套配电箱和非成套配电箱两种。其中，成套配电箱在工厂加工制作完成，已安装各种开关、仪表等设备；非成套配电箱在现场制作完成，需要现场安装各种开关设备，进行盘柜配线。目前，绝大多数工程采用成套配电箱安装。

配电箱按照安装方式的不同又可分为落地式安装配电箱和悬挂嵌入式配电箱两种。落地式配电箱安装时需要先制作安装槽钢或角钢基础；悬挂嵌入式配电箱多为墙上暗装。

(2)刀开关。刀开关有单极、双极、三极三种，每种又有单投和双投之分。根据闸刀的构造可分为胶盖刀开关和铁壳刀开关两种。

1)胶盖刀开关。胶盖刀开关常用型号有HK1型、HK2型。其主要特点是容量小，常用的有15 A、30 A，最大为60 A；没有灭弧能力，只用于不频繁操作的环境，构造简单，价格低。

2)铁壳刀开关。铁壳刀开关常用型号有HH3、HH4、HH10、HH11等系列。其主要特点：有灭弧能力；有铁壳保护和联锁装置(带电时不能开门)，所以操作安全；有短路保护能力；只用于不频繁操作的场合。常用型号为HH10系列，容量规格有10 A、15 A、20 A、30 A、60 A、100 A。HH11系列，容量规格有100 A、200 A、300 A、400 A等。铁壳刀开关容量的选择一般为电动机额定电流的3倍。

(3)熔断器。熔断器用来防止电路和设备长期通过过载电流和短路电流，是有断路功能的保护元件。其由金属熔件(熔体、熔丝)、支持熔件的接触结构组成。

(4)低压断路器。低压断路器是工程中应用最广泛的一种控制设备，又称自动开关或空气开关。其既具有负荷分断能力，又具有短路保护、过载保护和失欠电压保护等功能，并且具有很好的灭弧能力，常用作配电箱中的总开关或分路开关，广泛应用于建筑照明和动力配电线路。

常用的低压断路器有DZ系列、DW系列等，新型号有C系列、S系列、K系列等。

(5)漏电保护器(又称漏电保护开关)。漏电保护器是为了防止人身误触电而造成人身触电事故的一种保护装置。除此之外，漏电保护器还可以防止由于电路漏电而引起的电气火灾和电气设备损坏事故。

7. 常用电工器具

常用的电工工具主要有一字螺钉旋具、十字螺钉旋具、尖嘴钳、电工刀、测电笔、万用表、羊角锤、卷尺、绝缘电胶布、扳手、弯管器、切管器、手电钻、压线钳、剥线钳、电烙铁等，如图1-10所示。

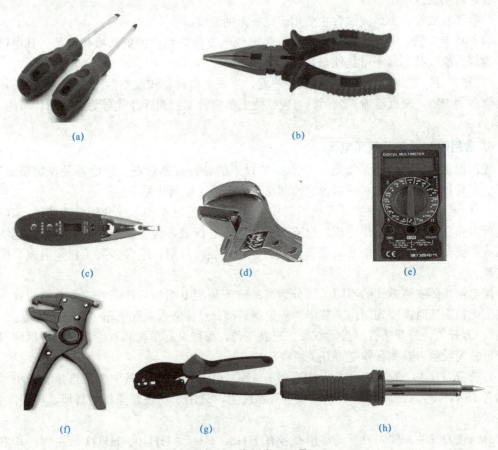

图1-10 常用电工工具

(a)螺钉旋具；(b)尖嘴钳；(c)测电笔；(d)扳手；
(e)万用表；(f)剥线钳；(g)压线钳；(h)电烙铁

六、建筑电气安装工程施工应遵循的标准、规范、图集

(1)《建筑工程施工质量验收统一标准》(GB 50300—2013);

(2)《建筑电气工程施工质量验收规范》(GB 50303—2015);

(3)《民用建筑电气设计标准》(GB 51348—2019);

(4)《建筑照明设计标准》(GB 50034—2013);

(5)《低压配电设计规范》(GB 50054—2011);

(6)国家标准图集及各省标准图集。

工作任务

1. 找出该工程施工图的低压配电系统的配电方式及接地形式(表1-2)。

表1-2　低压配电系统的配电方式及接地形式

序号	名称	内容		勾选√	系统特点
1	配电方式	放射式			
		树干式			
		混合式			
2	接地形式	TN系统	TN-S系统		
			TN-C系统		
			TN-C-S系统		
		TT系统			
		IT系统			

2. 列出该工程施工图普通照明所使用的电线、电缆及电气配管所使用的材料类型(表1-3)。

表1-3　电线、电缆及电气配管所使用的材料类型

序号	名称	材料规格型号
1	电线	
2	电缆	
3	导管	

任务二　建筑电气安装工程质量评定和验收

班级：_____　姓名：_____　学号：_____　日期：_____　测评成绩：_____

工作任务	工程质量评定与验收	教学模式	项目教学+任务驱动
建议学时	2学时	教学地点	多媒体教室
任务描述	公司经投标取得某综合楼建筑电气安装工程施工任务，需要在工程开工前组织员工进行业务培训，提高工程质量检验的水平，确保工程质量。施工图纸详见附录。 1. 请写出建筑电气工程施工质量评定标准。 2. 完成对建筑电气安装工程分部分项工程项目的划分，填写表1-5。 3. 请写出建筑电气工程施工质量检验的程序。 4. 请写出建筑电气安装工程隐蔽工程检查记录涉及的内容		
学习目标	1. 能知道建筑电气工程施工质量评定标准，遵守相关法律法规、标准和规定； 2. 能完成对建筑电气安装工程分部分项工程项目的划分； 3. 能正确进行建筑电气工程施工质量检验； 4. 能执行工程质量验收的相关规定； 5. 能够对工作过程进行总结与反思，具有与他人进行有效沟通和团结协作的能力		
任务实施	施工准备 ├─ 划分分部分项工程 ├─ 制定质量控制措施 ├─ 建立质量管理制度 └─ 执行质量评定和验收标准		

续表

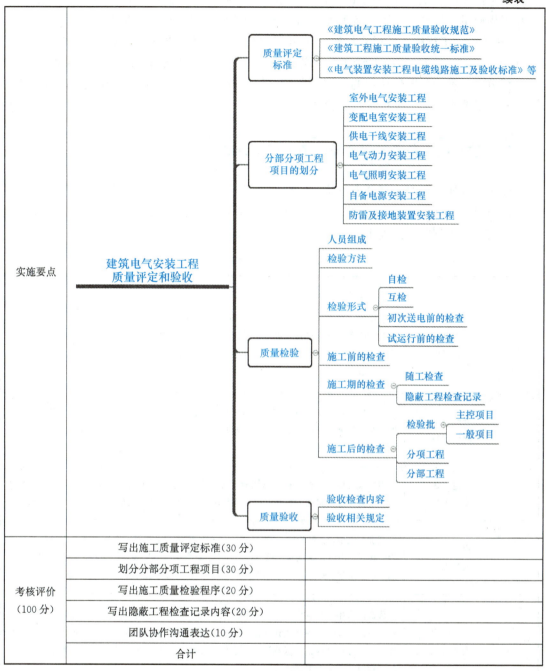

考核评价 (100分)	写出施工质量评定标准(30分)	
	划分分部分项工程项目(30分)	
	写出施工质量检验程序(20分)	
	写出隐蔽工程检查记录内容(20分)	
	团队协作沟通表达(10分)	
	合计	

知识准备

一、建筑电气工程施工质量评定标准

建筑电气工程的质量评定，是以国家技术标准作为统一尺度来评价工程质量的。在工

15

程施工中按照国家规定的"质量检验评定标准"进行认真的质量评定,可以促使企业保证和提高工程质量,使电气装置安装工程达到安全、可靠、经济、适用的要求。

《建筑电气工程施工质量验收规范》(GB 50303—2015)和《建筑工程施工质量验收统一标准》(GB 50300—2013)等施工验收标准规定了每个项目的检查内容、检查数量及检验方法,是进行电气工程验收质量评定的依据和原则。评定标准突出了安全用电和使用功能,强调了工程质量要在施工全过程进行检验和控制。

二、建筑电气安装工程分部分项工程项目的划分

建筑工程质量评定应划分为单位(子单位)工程、分部(子分部)工程、分项工程和检验批。建筑电气安装工程按照《建筑电气工程施工质量验收规范》(GB 50303—2015)附录 A 的相关规定,做出划分,见表1-4。

表1-4 分部分项工程划分表

序号	分部工程	分项工程
1	室外电气安装工程	变压器、箱式变电所安装,成套配电柜、控制柜(台、箱)和配电箱(盘)安装,梯架、托盘和槽盒安装,导管敷设,电缆敷设,管内穿线和槽盒内敷线,电缆头制作、导线连接和线路绝缘测试,普通灯具安装,专用灯具安装,建筑物照明通电试运行,接地装置安装
2	变配电室安装工程	变压器、箱式变电所安装,成套配电柜、控制柜(台、箱)和配电箱(盘)安装,母线槽安装,梯架、托盘和槽盒安装,电缆敷设,电缆头制作、导线连接和线路绝缘测试,接地装置安装,接地干线敷设
3	供电干线安装工程	电气设备试验和试运行,母线槽安装,梯架、托盘和槽盒安装,导管敷设,电缆敷设,管内穿线和槽盒内敷线,电缆头制作、导线连接和线路绝缘测试,接地干线敷设
4	电气动力安装工程	成套配电柜、控制柜(台、箱)和配电箱(盘)安装,电动机、电加热器及电动执行机构检查接线,电气设备试验和试运行,梯架、托盘和槽盒安装,导管敷设,电缆敷设,管内穿线和槽盒内敷线,电缆头制作、导线连接和线路绝缘测试,开关、插座、风扇安装
5	电气照明安装工程	成套配电柜、控制柜(台、箱)和配电箱(盘)安装,梯架、托盘和槽盒安装,导管敷设,电缆敷设,管内穿线和槽盒内敷线,塑料护套线直敷布线,钢索配线,电缆头制作、导线连接和线路绝缘测试,普通灯具安装,专用灯具安装,开关、插座、风扇安装,建筑物照明通电试运行
6	自备电源安装工程	成套配电柜、控制柜(台、箱)和配电箱(盘)安装,柴油发电机组安装,UPS 及 EPS 安装,母线槽安装,导管敷设,电缆敷设,管内穿线和槽盒内敷线,电缆头制作、导线连接和线路绝缘测试,接地装置安装
7	防雷及接地装置安装工程	接地装置安装,防雷引下线及接闪器安装,建筑物等电位联结

三、建筑电气工程质量检验

建筑电气工程的质量检验是按检验批（按统一的生产条件或按规定的方式汇总起来供检验用的，由一定数量样本组成的检验体）、分部、分项电气工程（如裸母线的架设、配电装置安装等）的安装质量进行检验。检验其是否按照规范、规程或标准施工，能否达到安全用电要求，电气性能是否符合要求等。

质量检验的程序是先检验批、分项工程，再分部工程，最后是单位工程。

1. 人员组成

工程质量检验需建立专门管理系统，由专职质量检查人员全面负责质量的监督、检查和组织评定工作。施工单位的主管领导、主管技术的工程师、施工技术人员（工长）及班组质量检查人员参加。

2. 检验方法

(1) 直观检查。用简单工具，如线坠、直尺、水平尺、钢卷尺、塞尺、力矩扳手、扳手、试电笔等进行实测及用眼看、手摸、耳听等方法进行检查。一般电气管线、配电柜（箱）的垂直度和水平度，母线的连接状态等项目，通常采用这种检查方式进行检查。

(2) 仪器测试。使用专用的测试设备、仪器进行检查。线路绝缘检查、接地电阻测定、电气设备耐压试验、硬母线焊接缝抗拉强度试验等，均采用这种检验方式。

3. 检验的形式

(1) 自检。由安装班组自行检查安装方式是否与图纸相符，安装质量是否达到电气规范要求，对于不需要进行试验的电气装置，要由安装人员测试线路的绝缘性能和进行通电检查。

用兆欧表检查电气线路的绝缘电阻，其中包括相间和相对地的绝缘电阻。线路绝缘性能测试合格后，方可进行通电检查。

(2) 互检。由施工技术人员进行检查或班组之间相互检查。

(3) 初次送电前的检查。在系统各项电气性能全部符合要求，安全措施齐全，各用电装置处于断开状态的情况下，进行这项检查。

(4) 试运行前的检查。电气设备经过试验达到交接试验标准，有关的工艺机械设备均正常的情况下，再进行系统性检查。合格后才能按系统逐项进行初送电和试运转。

4. 三个阶段的质量检查

为了保证工程质量，检查工作应贯穿施工的各个阶段。

(1) 施工前的检查。施工前的检查，包括图纸会审，对使用的材料和设备质量的合格证及自制加工件进行检查。

(2) 施工期的检查。在施工过程中，随着工序的推进及时对施工质量进行检查，可有效地制止一些不合规范错误的施工方法。例如，在钢管配线中，先穿线后放管口护圈；用气割设备在铁制配电箱上开孔等，都应该及时纠正。

特别是隐蔽工程，应检查是否按规范要求施工。例如，埋地配线钢管应当采用螺纹连接或套管连接，禁止对口焊接；电缆弯曲半径应符合条例要求；使用柱内钢筋做防雷引下线时，钢筋焊接成电气通路应当连续等。另外，要督促做好隐蔽线路的实际走向和定位、安装项目的增补和修改等记录工作。

在建筑电气安装工程中，凡是敷设在地下、墙内、混凝土内，以及不能进入检修的顶棚和地沟内的动力、照明管线、有线电视、电话管线、高低压电缆、接地装置，均需要做隐蔽工程检查记录。

（3）施工后的检查。按电气安装工程的检验批、分项、分部工程进行逐项检查。

四、工程验收的相关规定

（1）检验批验收时应按主控项目（建筑工程中对安全、卫生、环境保护和公众利益起决定性作用的检验项目）和一般项目（除主控项目以外的检验项目）中规定的检查数量和抽查比例进行检查，施工单位过程检查时应进行全数检查。

（2）当建筑电气分部工程施工质量检验时，检验批的划分应符合下列规定：

1）变配电室安装工程中分项工程的检验批，主变配电室应作为1个检验批；对于有多个分变配电室，且不属于子单位工程的子分部工程，应分别作为1个检验批，其验收记录汇入所有变配电室有关分项工程的验收记录；当各分变配电室属于各子单位工程的子分部工程，所属分项工程各为1个检验批，其验收记录应为一个分项工程验收记录，且应经子分部工程验收记录汇总后纳入分部工程验收记录。

2）供电干线安装工程分项工程的检验批，依据供电区段和电气竖井的编号划分。

3）电气动力和电气照明安装工程中分项工程的检验批，其界区的划分应与建筑土建工程一致。

4）自备电源和不间断电源安装工程中分项工程各自成为1个检验批。

5）防雷及接地装置安装工程中分项工程检验批，人工接地装置和利用建筑物基础钢筋的接地体各为1个检验批，大型基础可按区块划分成几个检验批；防雷引下线安装工程，6层以下的建筑为1个检验批，高层建筑依均压环设置间隔的层数为1个检验批；接闪器安装在同一屋面，应作为1个检验批；建筑物的总等电位联结应作为1个检验批，每个局部等电位联结应作为1个检验批，电子系统设备机房应作为1个检验批。

6）室外电气安装工程中分项工程的检验批，依据庭院大小、投运时间先后、功能区块不同划分。

（3）当验收建筑电气工程时，应核查下列各项质量控制资料，且资料内容应真实、齐全、完整。

1）建筑电气工程施工图设计文件和图纸会审记录及设计变更与工程洽商记录；

2）主要设备、器具、材料的合格证和进场验收记录；

3）隐蔽工程检查记录；

4）电气设备交接试验检验记录；

5）电动机检查（抽芯）记录；

6）接地电阻测试记录；

7）绝缘电阻测试记录；

8）接地故障回路阻抗测试记录；

9）剩余电流动作保护器测试记录；

10）电气设备空载试运行和负荷试运行记录；

11）EPS应急持续供电时间记录；

12)灯具固定装置及悬吊装置的载荷强度试验记录；

13)建筑照明通电试运行记录；

14)接闪线和接闪带固定支架的垂直拉力测试记录；

15)接地(等电位)联结导通性测试记录；

16)工序交接合格等施工安装记录。

(4)建筑电气分部(子分部)工程和所含分项工程的质量验收记录应无遗漏缺项、填写正确。

(5)技术资料应齐全，且应符合工序要求、有可追溯性；责任单位和责任人均应确认且签章齐全。

(6)当单位工程质量验收时，建筑电气分部(子分部)工程实物质量的抽检部位和设施如下，且抽检结果应符合规范规定：

1)变配电室，技术层、设备层的动力工程，电气竖井，建筑顶部的防雷工程，电气系统接地，重要的或大面积活动场所的照明工程，以及5%自然间的建筑电气动力、照明工程。

2)室外电气工程的变配电室，以及灯具总数的5%。

(7)检验方法应符合下列规定：

1)电气设备、电缆和继电保护系统的调整试验结果，查阅试验记录或试验时旁站；

2)空载试运行和负荷试运行结果，查阅试运行记录或试运行时旁站；

3)绝缘电阻、接地电阻和接地(PE)或接零(PEN)导通状态及插座接线正确性的测试结果，查阅测试记录或测试时旁站或用适配仪表进行抽测；

4)漏电保护装置动作数据值，查阅测试记录或用适配仪表进行抽测；

5)负荷试运行时大电流节点温升测量用红外线遥测温度仪抽测或查阅负荷试运行记录；

6)螺栓紧固程度用适配工具做拧动试验；有最终拧紧力矩要求的螺栓用扭力扳手抽测；

7)需吊芯、抽芯检查的变压器和大型电动机、吊芯、抽芯时旁站或查阅吊芯、抽芯记录；

8)需做动作试验的电气装置，高压部分不应带电试验，低压部分无负荷试验；

9)水平度用铁水平尺测量，垂直度用线坠吊线尺量，盘面平整度拉线尺量，各种距离的尺寸用塞尺、游标卡尺、钢尺、塔尺或采用其他仪器仪表等测量；

10)外观质量情况目测检查；

11)设备规格型号、标志及接线，对照工程设计图纸及其变更文件检查。

工作任务

1. 请写出建筑电气工程施工质量评定标准。

2. 完成对建筑电气安装工程分部分项工程项目的划分(表1-5)。

表1-5 分部分项工程划分表

序号	分部工程	分项工程

3. 请写出建筑电气工程施工质量检验的程序。

___

4. 请写出建筑电气安装工程隐蔽工程检查记录涉及的内容。

___

任务三　建筑电气安装工程图识读

班级：_____　姓名：_____　学号：_____　日期：_____　测评成绩：_____

工作任务	识读建筑电气安装工程图	教学模式	项目教学＋任务驱动
建议学时	6学时	教学地点	多媒体教室
任务描述	公司经投标取得某综合楼建筑电气安装工程施工任务，需要在工程开工前进行图纸会审，确保工程质量。施工图纸详见附录。 1. 请写出建筑电气工程图的组成。 2. 请写出阅读建筑电气安装工程平面图的顺序。 3. 请写出图纸中一层门厅位置处"WP(3-3)：YJV-1 KV-4×25＋1×16 SC50 FC WC CT"表示的含义		
学习目标	1. 能复述建筑电气工程图的组成及特点； 2. 能知道建筑电气工程图的识读程序； 3. 能说出建筑电气安装工程图的符号标注表示意义； 4. 具有良好的语言文字表达能力； 5. 具有严谨的工作作风，较强的责任心和科学的工作态度		
任务实施	施工准备 ├── 认真阅读施工图纸 ├── 查找设计图样是否有错误或遗漏 ├── 图纸会审 └── 编制施工预算		

续表

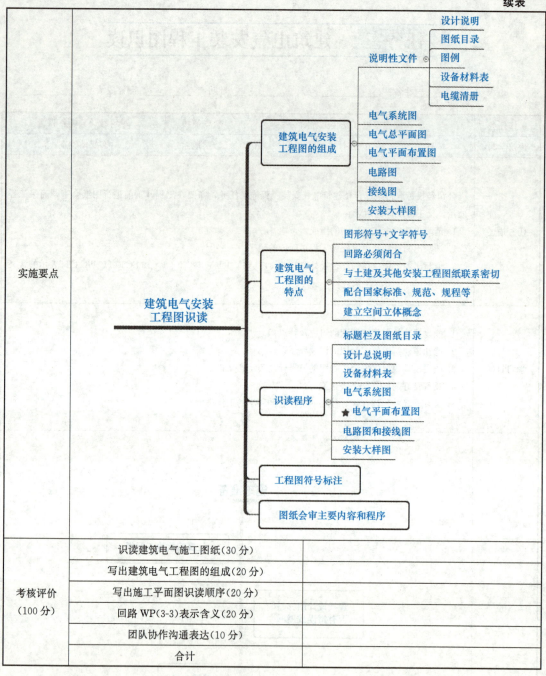

考核评价 (100分)	识读建筑电气施工图纸(30分)	
	写出建筑电气工程图的组成(20分)	
	写出施工平面图识读顺序(20分)	
	回路WP(3-3)表示含义(20分)	
	团队协作沟通表达(10分)	
	合计	

知识准备

一、建筑电气工程图的组成及特点

建筑电气工程图能够表明建筑物电气工程的构成规模和功能,比较详细地描述了电气装置的工作原理，提供安装技术数据和使用维护方法。

1. 建筑电气工程图的组成

常用的建筑电气工程图一般包括电气设计说明、电缆清册、图例及设备材料表、电气系统图、电气总平面图、电气平面布置图、电路图、接线图、安装大样图等。

(1)说明性文件。

1)设计说明。设计说明主要阐述电气工程的建筑概况、设计依据、设计范围、工程要求、安装方法、安装标准、工艺要求及图中标注交代不清或没有必要用图表示的要求、标准、规范等。

2)图纸目录。图纸目录主要包括序号、图纸名称、图纸编号、图纸张数等。通过阅读图纸目录可以方便图纸识读。

3)图例。图例是用表格的形式列出该电气工程图纸中使用的图形符号或文字符号，其目的是使读图者容易读懂图样。

4)设备材料表。设备材料表一般都要列出该电气工程的主要设备及主要材料的规格、型号、数量、具体要求或产地。但是表中的数量一般只作为概算估计数，不作为设备和材料的供货依据。

通常图例和设备材料表结合在一张表内。

5)电缆清册。电缆清册是用表格的形式来表示该电气工程中电缆的规格、型号、数量、走向、敷设方法、头尾接线部位等内容的图样，一般使用电缆较多的工程均有电缆清册，而简单的工程通常没有电缆清册。

(2)电气系统图。电气系统图是用单线图表示电能或电信号按回路分配出去的图样。其主要表示各个回路的名称、用途、容量，以及主要电气设备、开关元件与导线电缆的规格型号等。通过电气系统图可以知道该系统的回路个数及主要用电设备的容量、控制方式、供电方式等。动力、照明、变配电系统、通信广播、有线电视、火灾报警、安全防范等都要用到系统图。

(3)电气总平面图。电气总平面图是在建筑总平面图的基础上绘制完成，表示电源及电力负荷分布的图样。其主要表示各建筑物的名称或用途、电力负荷的装机容量、电气线路的走向及变配电装置的位置、容量和电源进户的方向等。通过电气总平面图可了解该项工程的概况，掌握电气负荷的分布及电源装置等。一般大型工程都有电气总平面图，在中小型工程则由动力平面图或照明平面图代替。

(4)电气平面布置图。电气平面布置图是在建筑物的平面图上标出电气设备、元件、管线实际布置的图样。其主要表现它们的安装位置、安装方式、规格型号、数量及防雷装置、接地装置等，是进行电气安装的主要依据。通过平面布置图可以知道单体建筑物及其各个不同的标高上装设的电气设备、元件及其管线等。其主要包括动力、照明、变配电装置、各种机房、通信广播、有线电视、火灾报警、安全防范、防雷接地等平面布置图。

(5)电路图。人们习惯称电路图为电气原理图，是单独用来表示电气设备及元件控制方式与其控制线路的图样，主要表示电气设备及元件的启动、保护、信号、联锁、自动控制及测量等。通过电气原理图可以知道各设备元件的工作原理、控制方式，掌握建筑物的功能实现方法等，主要是电气工程技术人员安装、调试和运行管理时使用的一种图。

(6)接线图。接线图是与电路图配套的图样，用来表示设备元件外部接线及设备元件之间接线。通过接线图可以知道系统控制的接线方式和控制电缆、控制线的走向及其布置等。

一些简单的控制系统一般没有接线图。

(7)安装大样图。安装大样图一般是用来表示某一具体部位或某一设备元件的结构或具体安装方法的图样。一般非标配电箱、控制柜等的制作安装都要用到大样图。大样图通常均采用标准通用图集，在识图时应格外重视，在设计说明中通常会告知参考哪些标准图集。

对于某一具体工程而言，由于工程的规模大小、安装施工的难易程度等原因，这些图样并非全部都存在，但其中电气系统图、电气平面布置图是必不可少的，所以，它们是读图的重点内容。

2. 建筑电气工程图的特点

(1)以图形符号加注文字标注的简图形式表现。大多数建筑电气工程施工图是采用统一的图形符号并加注文字符号绘制出来的。各组成部分及电气元件只用图形符号表示，并在图形符号旁标注文字符号和数字编号等，而不具体表示其外形、结构和尺寸等内容。所以，绘制和阅读建筑电气工程图，首先必须明确和熟悉这些图形符号所代表的内容和含义，以及它们之间的相互关系。这些图形符号往往在图纸的设计总说明中以表格形式体现出来，识图前一定要认真阅读，不能以实际经验而一概论之。

(2)建筑电气工程图中的回路必须是闭合的，是通过导线连接起来的。建筑电气工程施工图反映的是电工、电子电路的系统组成、工作原理和施工安装方法。在分析任何电路时，都必须使其构成闭合回路，保证电流能够流通，电气设备能够正常工作。一个电路的组成必须包括电源、用电设备、导线和开关控制设备四个基本要素，这是分析的基础。

在这个闭合的回路中，电气元件设备彼此之间都是通过导线连接起来，构成一个整体的电气通路，导线可长可短，能够比较方便地跨越较远的空间距离。这就要求在识图过程中，要将各有关的图纸联系起来，对照阅读。通常情况下，应通过系统图、电路图找出元件设备间的联系；通过平面布置图、接线图找其位置；对照阅读，这样才能提高读图的效率。

(3)建筑电气工程图往往与土建工程及其他安装工程的图纸有密切联系。建筑电气工程施工往往与主体工程(土建工程)及其他安装工程(如给水排水管道、工艺管道、采暖管道、通风空调管道等安装工程)施工相互配合进行。因此，建筑电气工程图与建筑结构工程图及其他安装工程图不能发生冲突。例如，电气设备的布置与土建平面布置、立面布置有关；线路走向与建筑结构的梁、板、柱、门窗等的位置、走向有关，还与管道的规格、用途、走向有关；安装方法与墙体结构有关；特别是一些暗敷线路、电气设备基础及各种电气预埋件更与土建工程密切相关。因此，阅读建筑电气工程图时应与有关的土建工程图、管道工程图等对应起来阅读。这里在工程实践中值得重点关注。

(4)安装、使用、维修等方面的技术要求与国家标准、规范、规程等密切配合。阅读电气工程图的一个主要目的是编制施工方案和工程预算，指导工程施工，指导设备的维修和管理。而在建筑电气工程图中一些安装、使用、维修等方面的技术要求，在有关的国家标准和规范、规程中都有明确的规定，不能在图纸中完全反映出来，而且也没有必要一一标注清楚。所以，很多建筑电气工程施工图对于安装施工要求仅在设计说明中注出"参照××规范"的说明。因此，在阅读建筑电气工程图时，有关安装方法、技术要求等问题，要注意参照有关标准图集和有关规范执行，以满足工程造价和安装施工的要求。

(5)建筑电气工程的平面图是用投影和图形符号来代表电气设备或装置绘制的，阅读图纸比阅读其他工程图难度大，要求建立空间立体概念。

建筑电气工程图是在二维平面上反映三维空间的内容，无法反映空间高度，对此通常通过文字标注或文字说明来实现，这就要求在识图时首先要建立空间立体的想象能力。另外，图形符号也无法反映设备的尺寸，设备的尺寸是通过阅读设备手册或设备说明书获得，图形符号所绘制的位置也并不一定是按比例给定的，它仅仅代表设备出线端口的位置，所以在安装设备时，要根据实际情况来准确定位。

二、建筑电气工程图的识读程序

识读建筑电气工程图，除应该了解建筑电气工程图的特点外，还应该按照一定识读程序进行识读，这样才能比较迅速全面地读懂图纸，以完全实现读图的意图和目标。

一套建筑电气工程图所包括的内容比较多，图纸往往有很多张，识读建筑电气工程图的方法没有统一的规定，一般应按以下顺序依次阅读，有时还要相互对照阅读。

1. 阅读标题栏及图纸目录

通过阅读标题栏和图纸目录了解工程名称、项目内容、设计日期、工程全部图纸数量、内容和图纸编号等。

2. 阅读设计总说明

通过对设计总说明的阅读来了解工程总体概况及设计依据，了解图纸中未能表达清楚的各有关事项。如供电电源的来源、电压等级、线路敷设方法，设备安装高度及安装方式、补充使用的非国标图形符号、施工时应注意的事项等。有些分项局部问题是在各分项工程的图纸上说明的，看分项工程图纸时，也要先看设计说明。

3. 阅读设备材料表

设备材料表提供了该工程所使用的主要设备、材料的型号、规格和数量，是编制工程预算，编制购置主要设备、材料计划的重要参考依据之一。有些图纸将图形符号在设备材料表中一并反映出来。

4. 阅读电气系统图

各分项工程的图纸中都包含系统图，如变配电工程的供电系统图、电力工程的电力系统图、电气照明工程的照明系统图以及电缆电视系统图等。看系统图的目的是了解系统的基本组成，主要电气设备、元件等连接关系及它们的规格、型号、参数等，掌握该系统的组成概况。

5. 阅读电气平面布置图

平面布置图是建筑电气工程图纸中的重要图纸之一，如变配电所设备安装平面图（还应有剖面图）、电力平面图、照明平面图、防雷与接地平面图等，它们都是用来表示设备安装位置、线路敷设部位、敷设方法及所用导线型号、规格、数量、配管管径大小的，是安装施工、编制工程预算的主要依据图纸，所以对平面图必须熟读。阅读平面图时通常采用以下顺序：电源进线→总配电箱→电表箱→干线→分配电箱→支线→用电设备。

6. 阅读电路图和接线图

了解各系统中用电设备的电气自动控制原理，用来指导设备的安装和控制系统的调试工作。因电路图多是采用功能布局法绘制的，读图时应依据功能关系从上至下或从左至右一个回路、一个回路地阅读。若能熟悉电路中各电器的性能和特点，对读懂图纸将是一个很大的帮助。在进行控制系统，控制、设备的配线和调校工作中，还可配合阅读接线图和端子图。

7. 阅读安装大样图

安装大样图是用来详细表示设备安装方法的图纸，是依据施工平面图进行指导安装施工的重要参考用图，也是用来编制工程材料计划的重要参考图纸。特别是对于初学安装的人员更显重要，甚至可以说是不可缺少的。安装大样图多采用全国通用电气装置标准图集。

值得注意的是，识读电气工程图纸的顺序并没有统一的硬性规定，可以根据自身需要，灵活掌握，并应有所侧重。很多时候，往往拿来一套图纸后，先概略浏览，了解基本情况，然后重点内容反复识读，一张图纸经常需要反复识读多遍。

三、建筑电气安装工程图的符号标注表示意义

国家标准《建筑电气工程设计常用图形和文字符号》(09DX001)中编制了工程中常用的功能性文件、位置文件的图形和文字符号，电力设备的标注，安装方式的标注，提出供电条件的文字符号，设备接线端子标记和特定导线端子的识别，项目种类的字母代号，常用辅助文字符号，信号灯、按钮及导线的颜色标记等内容。下面将《建筑电气工程设计常用图形和文字符号》(09DX001)标准中在此次识图过程中常用的部分符号标注进行摘录。

(1)建筑电气工程图常用图形符号(表1-6)。

表1-6 建筑电气工程图常用图形符号

序号	符号	说明
1	N	中性线
2	⏚	接地、地、一般符号
3	——————	连线，一般符号(导线、电缆、电线、传输通路、电信线路)
4	——/// ——	导线组(示出导线数)(示出三根导线)
5	——/3——	
6	⊗	双绕组变压器，一般符号
7	⊖-//	电流互感器

续表

序号	符号	说明
8		隔离器
9		隔离开关
10		断路器
11		熔断器式开关
12		熔断器式隔离器
13		熔断器式隔离开关
14		避雷器
15		电能表
16		灯，一般符号 信号灯，一般符号
17		接地极
18		接地线
19		架空线路
20		电缆梯架、托盘、线槽线路
21		电缆沟线路

续表

序号	符号	说明			
22	——PE——	保护地线			
23	(向上箭头线)	向上配线；向上布线			
24	(向下箭头线)	向下配线；向下布线			
25	(双向箭头线)	垂直通过配线；垂直通过布线			
26	——LP——	避雷线 避雷带 避雷网			
27	●	避雷针			
28	□★	轮廓内或外就近标注字母代码"★"，表示电气柜(屏)、箱、台			
		35 kV 开关柜、MCC 柜	AH	电源自动切换箱(柜)	AT
		20 kV 开关柜、MCC 柜	AJ	电力配电箱	AP
		10 kV 开关柜、MCC 柜	AK	应急电力配电箱	APE
		6 kV 开关柜、MCC 柜	AL	控制箱、操作箱	AC
		低压配电柜、MCC 柜	AN	励磁屏(柜)	AE
		并联电容器屏(箱)	ACC	照明配电箱	AL
		直流配电柜(屏)	AD	应急照明配电箱	ALE
		保护屏	AR	电度表箱	AW
		电能计量柜	AM	过路接线盒、接线箱	XD
		信号箱	AS	插座箱	XD
29	(配电中心符号)	配电中心(符号表示带五路配线) 示出五路配线			
30	(带★配电中心符号)	符号就近标注种类代号"★"，表示配电柜(屏)、箱、台 种类代码 AP，表示电力配电箱 种类代码 APE，表示应急电力配电箱 种类代码 AL，表示照明配电箱 种类代码 ALE，表示应急照明配电箱			
31	○	盒，一般符号			
32	⊙	连接盒 接线盒			

续表

序号	符号	说明
33		（电源）插座，插孔，一般符号（用于不带保护极的电源插座）
34	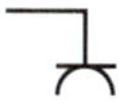	带保护极的（电源）插座
35	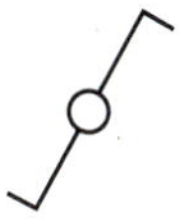	两控单极开关
36		荧光灯，一般符号
37		二管荧光灯
38	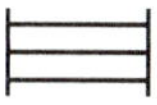	多管荧光灯（表示三管荧光灯）
39	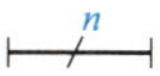	五管荧光灯—多管荧光灯，$n>3$
40	MEB	等电位端子箱
41	LEB	局部等电位端子箱

（2）电力设备的标注方法（表1-7）。

表1-7 电力设备常用标注方法

序号	标注方式	说明	示例
1	$-a+b/c$	系统图电气箱（柜、屏）标注 a—设备种类代号 b—设备安装位置的位置代号 c—设备型号	—AP01＋B1/XL21-15 表示动力配电箱种类代号—AP01，位于地下一层 —AL11＋F1/LB101 表示照明配电箱的种类代号为—AL11，位于地上一层 前缀"—"在不会引起混淆时可取消

续表

序号	标注方式	说明	示例
2	－a	平面图的电气箱(柜、屏)标注 a—设备种类代号	－AP1 表示动力配电箱种类代号，在不会引起混淆时，可取消前缀"－"，即用 AP1 表示
3	$a-b\dfrac{c\times d\times L}{e}f$	照明灯具标注 a—灯数 b—型号或编号(无则省略) c—每盏照明灯具的灯泡数 d—灯泡安装容量 e—灯泡安装高度(m)，"—"表示吸顶安装 f—安装方式，见表1-8 L—光源种类	管型荧光灯的标注方式： $5-\text{FAC41286P}\dfrac{2\times 36}{3.5}\text{CS}$ 5盏 FAC41286P 型灯具，灯管为双管 36 W 荧光灯，灯具链吊安装，安装高度距地 3.5 m。 (管型荧光灯标注中光源种类 L 可以省略) 紧凑型荧光灯(节能灯)的标注方式： $6-\text{YAC70542}\dfrac{14\times \text{FL}}{—}$ 6盏 YAC70542 型灯具，灯具为单管 14 W 紧凑型荧光灯，灯具吸顶安装。 (灯具吸顶安装时，安装方式 f 可以省略)
4	a b－c(d×e+f×g)i－jh	线路的标注 a—线缆编号 b—型号(不需要可省略) c—线缆根数 d—电缆线芯数 e—线芯截面(mm²) f—PE、N 线芯数 g—线芯截面(mm²) i—线路敷设方式，见表1-9 j—线路敷设部位，见表1-10 h—线路敷设安装高度(m) 上述字母无内容则省略该部分	WP201 YJV－0.6/1 kV－2(3×150＋2×70)SC80－WS3.5 WP201 为电缆编号 YJV－0.6/1 kV－2(3×150＋2×70)为电缆型号、规格，2 根电缆并联连接 SC80 表示电缆穿 DN80 的焊接钢管 WS3.5 表示电缆沿墙面明敷、高度距地 3.5 m
5	$\dfrac{a\times b}{c}$	电缆桥架标注 a—电缆桥架宽度(mm) b—电缆桥架高度(mm) c—电缆桥架安装高度(m)	$\dfrac{600\times 150}{3.5}$ 电缆桥架宽度 600 mm，电缆桥架高度 150 mm，电缆桥架安装高度距地 3.5 m
6	L1 L2 L3	相序 交流系统电源第一相 交流系统电源第二相 交流系统电源第三相	
7	N	中性线	
8	PE	保护线	
9	PEN	保护和中性共用线	

(3)灯具安装方式的标注(表1-8)。

表1-8 灯具安装方式标注

序号	名称	标注文字符号
1	线吊式	SW
2	链吊式	CS
3	管吊式	DS
4	壁装式	W
5	吸顶式	C
6	嵌入式	R
7	顶棚内安装	CR
8	墙壁内安装	WR
9	支架上安装	S
10	柱上安装	CL
11	座装	HM

(4)线路敷设方式的标注(表1-9)。

表1-9 线路敷设方式的标注

序号	名称	标注文字符号
1	穿低压流体输送用焊接钢管敷设	SC
2	穿电线管敷设	MT
3	穿硬塑料导管敷设	PC
4	穿阻燃半硬塑料导管敷设	FPC
5	电缆桥架敷设	CT
6	金属线槽敷设	MR
7	塑料线槽敷设	PR
8	钢索敷设	M
9	穿塑料波纹电线管敷设	KPC
10	穿可挠金属电线保护套管敷设	CP
11	直埋敷设	DB
12	电缆沟敷设	TC
13	混凝土排管敷设	CE

(5)导线敷设部位的标注(表1-10)。

表1-10 导线敷设部位标注

序号	名称	标注文字符号
1	沿或跨梁(屋架)敷设	AB
2	暗敷在梁内	BC
3	沿或跨柱敷设	AC
4	暗敷设在柱内	CLC
5	沿墙面敷设	WS
6	暗敷设在墙内	WC
7	沿天棚或顶板面敷设	CE
8	暗敷设在屋面或顶板内	CC
9	吊顶内敷设	SCE
10	地板或地面下敷设	FC

(6)电力电路开关器件及设备装置的文字标注(表1-11)。

表1-11 电力电路开关器件及设备装置的文字标注

序号	名称	标注文字符号
1	断路器	QF
2	隔离开关	QS
3	漏电保护断路器	QR
4	负荷开关	QL
5	接地开关	QE
6	电流互感器	TA
7	电压互感器	TV
8	电力变压器	TM
9	母线	WB
10	电力线路	WP
11	照明线路	WL

四、图纸会审的主要内容

(1)工程项目的设计图样与设计说明是否齐全。
(2)各专业设计图样相互间有无矛盾,是否对应或遗漏。
(3)图中所示的主要尺寸、标高、轴线是否有错误和遗漏,说明是否齐全、清楚、准确。
(4)与给水、排水、采暖、通风与空调的安装敷设空间有无矛盾。
(5)材料来源有无保证,无保证时能否代换;新材料、新技术的应用有无把握。

五、图纸会审的程序步骤

(1)认真阅读施工图纸。
(2)由建设单位的项目负责人主持会议。
(3)由设计单位的设计人员进行图样交底。
(4)由施工单位的施工员根据工程图纸的内容提出相关的问题。
(5)共同商议解决的方法。
(6)填写图纸会审记录(可借助档案管理软件完成)。

工作任务

1. 请写出建筑电气工程图的组成。

_____
_____
_____
_____
_____
_____
_____

2. 请写出阅读建筑电气安装工程平面图的顺序。

_____
_____
_____
_____
_____
_____
_____

3. 请写出图纸中一层门厅位置处"WP(3-3)：YJV-1 kV-4×25＋1×16 SC50 FC WC CT"的表示含义。

_____
_____
_____
_____
_____
_____

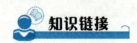 知识链接

工欲善其事

"工欲善其事"出自《论语·卫灵公》。子贡问为仁。子曰："工欲善其事，必先利其器。居是邦也，事其大夫之贤者，友其士之仁者。"

"工欲善其事，必先利其器。"这两句名言是我们常常引用的，孔子告诉子贡，一个做手工或工艺的人，要想把工作完成，做得完善，应该先把工具准备好，这样用起来才会得心应手，工作起来才会事半功倍。在现实生活中，各行各业的工匠们都在不断打磨利器，追求完美，打造精品，给了我们许多启示。

"工欲善其事，必先利其器"，启示我们在做任何事情之前都要做好充足的准备。只有准备好相关的手段或方法，才能厚积薄发地做好工作。

工匠们的实践行为，启示我们在工作中要学习相关的理论知识，以理论指导实践，强调理论与实践结合的重要性。

"不断打磨利器"，说明"磨刀不误砍柴工"，也说明"工具"或"方法"的重要性。只有经过前期的反复打磨才有后期的完美收官。

"追求完美，打造精品"，启示我们做事情要有匠心精神，精益求精。在工作中我们必须坚持"工匠精神"，凡事都要高标准严格要求自己，要将事情认真做好，注重细节，追求完美，而不能抱着"过得去就行了"的想法对待日常工作。要以强烈的事业心和高度的使命感、责任感，兢兢业业做好各项工作，做到敬业守责、尽心尽力。

因此，作为青年学生，要想学好建筑电气施工技术这门课程，要想真正拥有"器"，最终做好"事"，必须善于学习、勇于学习、敢于学习，才能真正保持"器"的"锋利"，实现"事"的"精美"。

项目二　室内配线工程

任务一　电气配管

班级：_____　姓名：_____　学号：_____　日期：_____　测评成绩：_____

工作任务	电气配管	教学模式	项目教学＋任务驱动
建议学时	4学时	教学地点	多媒体教室＋机房
任务描述	某综合楼建筑电气安装工程即将进入电气配管工程施工阶段，请项目部组织施工员编写电气配管的施工方案，对电气配管工程进行技术交底，并组织质量员及时进行分部分项工程质量检验，确保工程质量。施工图纸详见附录。 1. 请施工员识读施工图纸，编写电气配管施工方案。 2. 请施工员根据工程要求，编制电气配管技术交底文件，填写表2-2。 3. 请技术员做好管道敷设的隐蔽记录，填写表2-3。 4. 请质量员按照要求完成电气配管的施工质量验收记录，填写表2-4		
学习目标	1. 能提出电气配管材料要求，做好材料的进场验收； 2. 能选择电气配管主要机具，提前做好施工准备； 3. 能明确电气配管作业条件，做好施工衔接； 4. 能制定电气配管施工工艺，树立良好的安全文明施工意识； 5. 能确定质量标准及质量控制措施，遵守相关法律法规、标准和管理规定； 6. 能进行隐蔽工程和分部分项工程质量检验，提高语言文字表达能力		
任务实施	施工阶段 ├─ 施工准备 │　├─ 阅读施工图纸 │　├─ 准备常用工具 │　├─ 材料选择与进场验收 │　├─ 编写施工方案 │　├─ 进行技术交底 │　└─ 制定质量控制措施 ├─ 施工过程 │　├─ 注意施工要点 │　├─ 严格按照工艺流程 │　├─ 随工检查 │　└─ 做好成品保护 └─ 质量检验 　　├─ 执行质量检验标准 　　└─ 做好检验记录		

续表

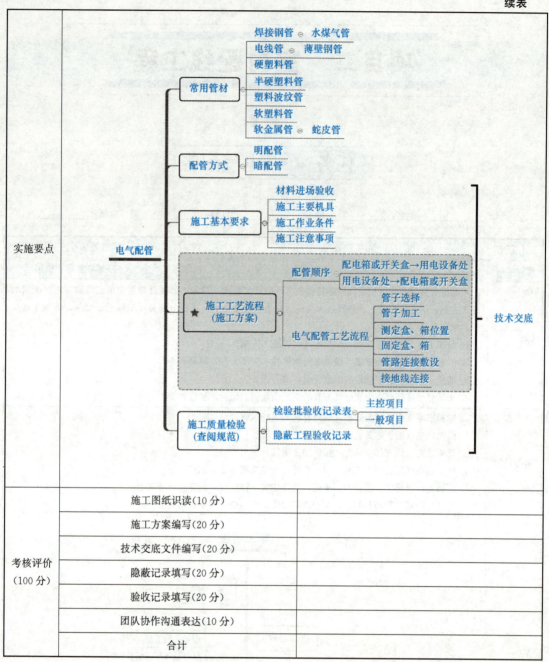

知识准备

一、电气配管的管材及特点

电气配管指的是铺设电线保护管,当电线保护管铺设完毕,就可以将绝缘导线穿在管内敷设。这种配线方式比较安全可靠,可避免腐蚀性气体的侵蚀和机械损伤,更换电线方便，普遍应用于重要共用建筑和工业厂房，以及易燃、易爆与潮湿的场所。

电气配管常用的管材有焊接钢管（又称水煤气管）、电线管（又称薄壁钢管）、硬塑料管、半硬塑料管、塑料波纹管、软塑料管和软金属管（俗称蛇皮管）等。电线管和焊接钢管都是钢管的一种，其中电线管管壁较薄，管径以外径表示。焊接钢管又称水煤气管，可分为镀锌和不镀锌两种，管径以内径计算。

焊接钢管的特点是管壁较厚，适用潮湿、易受机械外力、有轻微腐蚀性等场所的明敷设和暗敷设；明配或暗配于干燥场所的钢管宜使用电线管；硬塑料管适用室内或有酸、碱等腐蚀介质的场所，但不得在高温和易受机械损伤的场所敷设；半硬塑料管和塑料波纹管适用一般民用建筑的照明工程暗敷设，但不得在高温场所敷设；软金属管多用来作为钢管和设备的过渡连接。

明配管：即将管子敷设在墙壁、桁架、柱子等建筑结构的表面；暗配管：即将管子敷设于墙壁、地坪、楼板等内部。

二、施工基本要求

(1)具有产品合格证。
(2)外观检查：钢导管无压扁、内壁光滑。非镀锌钢导管无严重锈蚀，按制造标准油漆出厂的油漆完整；镀锌钢导管镀层覆盖完整、表面无锈斑。
(3)现场抽样检测导管的管径、壁厚及均匀度满足制造标准要求。
(4)除埋入混凝土中的非镀锌钢导管外壁不做防腐处理外，其他场所的非镀锌钢导管内外壁均做防腐处理，经检查确认，才能配管。
(5)室外直埋导管的路径、沟槽深度、宽度及垫层处理经检查确认，才能埋设导管。
(6)现浇混凝土板内配管在底层钢筋绑扎完成，上层钢筋未绑扎前敷设，且检查确认，才能绑扎上层钢筋和浇捣混凝土。
(7)现浇混凝土墙体内的钢筋网片绑扎完成，门、窗等位置已放线，经检查确认，才能在墙体内配管。
(8)被隐蔽的接线盒和导管在隐蔽前检查合格，才能隐蔽。
(9)在梁、板、柱等部位明配管的导管套管、埋件、支架等检查合格，才能配管。
(10)吊顶上的灯位及电气器具位置先放样，且与土建及各专业施工单位商定，才能在吊顶内配管。
(11)钢管选用配件宜使用同一生产厂家制品或市面销售的标准件，专用附件应选用同一生产厂家产品。
(12)在潮湿场所内钢导管之间的连接及钢管与接线盒等的连接处应做防水防腐密封处理。
(13)管路暗敷设时接线盒的备用"敲落孔"一律不应敲落，中间接线盒应加盖封闭。
(14)管路超过下列长度时，应加装接线盒（箱），其位置应便于穿线：
1)水平敷设管路如遇到下列情况之一时，中间应增设接线盒（拉线盒），且接线盒的安装位置应便于穿线。如不增设接线盒，也可以增大管径：
①管子长度每超过30 m，无弯曲；
②管子长度每超过20 m，有1个弯曲；
③管子长度每超过15 m，有2个弯曲；

④管子长度每超过 8 m,有 3 个弯曲。

2)垂直敷设的管路如遇到下列情况之一时,应增设固定导线用的拉线盒:

①导线截面 50 mm² 及其以下,长度每超过 30 m;

②导线截面 70~95 mm²,长度每超过 20 m;

③导线截面 120~240 mm²,长度每超过 18 m。

(15)当绝缘导管在砌体上剔槽埋设时,应采用强度等级不小于 M10 的水泥砂浆抹面保护,保护层厚度大于 15 mm。

三、施工工艺流程

配管工作一般从配电箱或开关盒等处开始,逐段配置用电设备处,也可以从用电设备处开始,逐段配置配电箱或开关盒等处。

(1)暗配管的安装。暗配管的安装工作内容为测位、画线、锯管、套丝、揻弯、配管、接地、刷漆。配合土建施工做好预埋工作,混凝土地面内的管子应尽量不埋入深土层,出地管口高度(设计有规定者除外)不宜低于 200 mm。进入落地式配电箱的管子,管口应高出配电箱基础面 50~80 mm。

(2)明配管的安装。明配管的安装主要工作内容是测位、画线、打眼、埋螺栓、锯管、套丝、揻弯、配管、接地、刷漆。

电气配管施工工艺流程如图 2-1 所示。

图 2-1 电气配管施工工艺流程

1. 导管选择

导管的选择,首先应根据敷设环境决定采用何种导管,然后决定导管的规格。导管规格的选择,应根据所穿导线的根数和截面决定。通常,施工图纸上会标注出导管的规格,但在电气工程施工图纸中有很多部位的导管规格可能没有明确标出,这时就要按照这一规则选择导管规格。一般规定管内导线的总截面不应超过管子内径截面面积的 40%,导线不应超过 8 根。具体参见表 2-1。

表 2-1 BV、BLV 塑料绝缘导线穿管管径选择表

导线截面面积 /mm²	PVC 管(外径/mm)							焊接钢管(内径/mm)							电线管(外径/mm)						
	导线根数/根							导线根数/根							导线根数/根						
	2	3	4	5	6	7	8	2	3	4	5	6	7	8	2	3	4	5	6	7	8
1.5		16			20				15			20			16			19			25
2.5		16			20				15			20			16			19			25
4		16		20				15			20				16		19			25	
6	16		20		25			15		20		25			19		25			32	
10	20		25		32			20		25		32			25		32			38	

续表

导线截面面积/mm²	PVC管(外径/mm) 导线根数/根							焊接钢管(内径/mm) 导线根数/根							电线管(外径/mm) 导线根数/根						
	2	3	4	5	6	7	8	2	3	4	5	6	7	8	2	3	4	5	6	7	8
16	25		32		40			25		32			40		25		32		38		51
25	32		40			50		25		32		40		50	32		38		51		
35	32		40		50			32		40		50			38			51			
50	40		50		60			32	40		50		65		51						
70	50			60		80		50			65		80		51						
95	50		60		80			50		65		80									
120	50		60		80		100	50		65		80									

2. 导管加工

导管加工主要包括导管切割、揻弯、套丝、防腐处理等。

(1) 导管切割：导管切割的常用工具有钢锯、切管机、砂轮机等。其中，砂轮机切割工艺较为先进有效。需要注意的是，禁止使用气焊切割。通常情况下，DN25 以下的钢管用钢锯切断；DN32 及以上的钢管用砂轮机切断；管口处应平齐、无毛刺，管内无铁屑，长度适当。

(2) 揻弯：导管揻弯的方法有冷揻弯和热揻弯两种。DN25 及以下的钢管采用冷揻弯法，用手动弯管器揻弯；DN32～50 的管弯采用冷揻弯法，用电动揻弯机揻弯；DN65 及以上导管揻弯需购买成品或采用热揻弯法人工加工。

(3) 导管套丝：DN25 以下的钢管可手动套丝；DN32 及以上的钢管用电动套丝机进行套丝，丝扣不乱、套丝长度为管箍长度的 1/2 加两扣。套丝机如图 2-2 所示。

(4) 导管防腐处理：采用非镀锌钢管进行明敷设或敷设于顶棚或地下室时，为防止钢管生锈，在配管前，应对钢管的内外壁均做防腐处理；而埋设于混凝土内时，其外壁可以不做防腐处理，但要进行除锈。

图 2-2 套丝机

3. 测定盒、箱位置并固定

(1) 测定盒、箱位置：根据建筑电气施工图纸，以土建弹出的水平线为基准，挂线找平，线坠找正，标出盒箱的位置。

(2) 墙体上稳注盒、箱：盒、箱要平整牢固，坐标位置应准确，盒、箱口封堵完好。当盒、箱保护层小于 3 mm 时，为防止墙体空裂，需加金属网后再抹灰。

(3) 顶板上稳注灯头盒：灯头盒坐标位置应准确，盒口要封堵完好，且应使用活底灯头盒。

4. 管路连接敷设

在施工过程中，按照工程图纸要求在适当位置敷设接线盒(箱)，详见前面的"施工基本要求"。

(1)管与管的连接：焊接钢管采用套管丝扣(螺纹)连接方式，禁止采用电焊或气焊连接，套管长度不小于连接管径的2.2倍，被连接管的对口处应在套管的中心。

(2)管与配电箱、盘、开关盒、灯头盒、插座盒等的连接：盒、箱开孔整齐，要求一管一孔，不得开长孔；钢管进入盒、箱采用套丝锁母，进入箱盒长度为2~4扣。两根以上管子进入盒、箱时，进入盒、箱的长度要一致，间距要均匀，排列整齐有序。非镀锌钢管与盒(箱)等连接时可采用焊接固定，焊接后应补涂防腐漆。

(3)导管与电动机的连接：一般用蛇皮管连接，管口距离地面高度为200 mm。

(4)管线穿过伸缩沉降缝处必须做伸缩沉降缝处理，伸缩沉降缝两侧各预埋一个接线盒，采用金属软管连接，具体做法如图2-3所示。

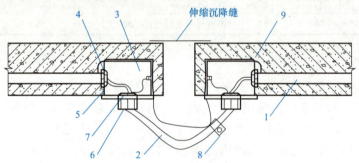

图2-3　导管过楼板变形缝

1—钢管；2—可挠金属电线保护管；3—接线盒；4—锁母；
5—护圈帽；6—接线箱连接器；7—绝缘护套；8—接地夹；9—接地线

5. 接地线连接

为了保证两段导管之间有良好的电气连接，用丝扣连接时套管的两端与被连接管要焊接跨接地线，要求跨接地线两端双面施焊，焊接长度不小于所用跨接地线截面的6倍，焊口严密、牢固，焊接处清除药皮，刷防腐漆，跨接线采用规格为$\phi6$、$\phi8$、$\phi10$圆钢或25×4扁钢。

接地跨接线连接如图2-4所示。

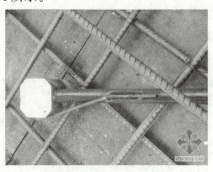

图2-4　接地跨接线连接

工作任务

1. 编写电气配管施工方案。

2. 编写电气配管技术交底记录(表2-2)。

表 2-2 技术交底记录

工程名称		交底日期	
施工单位		分项工程名称	
交底提要			

交底内容：

审核人		交底人		接受交底人	

注：1. 本表由施工单位填写，交底单位与接受交底单位各存一份。
2. 当做分项工程施工技术交底时，应填写"分项工程名称"栏，其他技术交底可不填写。

3. 填写管道敷设隐蔽工程验收记录(表2-3)。

表 2-3 隐蔽工程验收记录表

工程名称			分项工程名称			
施工单位			专业工长		项目经理	
分包单位			分包项目经理		施工班长	
建设单位			监理单位			
设计图号		隐蔽部位		隐蔽物名称		

隐蔽内容及草图：

施工单位检查意见：

单位工程专业技术负责人：　　　　　　　　　　　　　　　　　　　　　　　年　月　日

监理单位检查意见：

专业监理工程师：　　　　　　　　　　　　　　　　　　　　　　　　　　　年　月　日

4. 填写电气配管检验批质量验收记录(表 2-4)。

表 2-4　检验批质量验收记录表(GB 50303—2015)

单位(子单位)工程名称				
分部(子分部)工程名称			验收部位	
施工单位			项目经理	
分包单位			分包项目经理	
施工执行标准名称及编号				
施工质量验收规范的规定			施工单位检查评定记录	监理(建设)单位验收记录
主控项目	1			
	2			
	3			
	4			
一般项目	1			
	2			
	3			
	4			
	5			
	6			
施工单位检查评定结果	专业工长(施工员)		施工班组长	
	项目专业质量检查员:			年　月　日
监理(建设)单位验收结论				
	专业监理工程师(建设单位项目专业技术负责人):			年　月　日

任务二　管内穿线

班级：_____　姓名：_____　学号：_____　日期：_____　测评成绩：_____

工作任务	管内穿线	教学模式	项目教学＋任务驱动
建议学时	2学时	教学地点	多媒体教室＋机房
任务描述	某综合楼建筑电气安装工程即将进入管内穿线施工阶段，请项目部组织施工员对管内穿线工程进行技术交底，并组织质量员及时进行分部分项工程质量检验，确保工程质量。施工图纸详见附录。 1. 请施工员识读施工图纸，编写管内穿线施工方案。 2. 请施工员根据工程要求，编制管内穿线技术交底文件，填写表2-6。 3. 请质量员按照要求完成管内穿线的施工质量验收记录，填写表2-7		
学习目标	1. 能提出管内穿线材料要求，做好材料的进场验收； 2. 能选择管内穿线主要机具，提前做好施工准备； 3. 能明确管内穿线作业条件，做好施工衔接； 4. 能制定管内穿线施工工艺，树立良好的安全文明施工意识； 5. 能确定质量标准及质量控制措施，遵守相关法律法规、标准和管理规定； 6. 能进行分部分项工程质量检验，提高语言文字表达能力		
任务实施	施工阶段 ├─ 施工准备 │　├─ 阅读施工图纸 │　├─ 准备常用工具 │　├─ 材料选择与进场验收 │　├─ 编写施工方案 │　├─ 进行技术交底 │　└─ 制定质量控制措施 ├─ 施工过程 │　├─ 注意施工要点 │　├─ 严格按照工艺流程 │　├─ 随工检查 │　└─ 做好成品保护 └─ 质量检验 　　├─ 执行质量检验标准 　　└─ 做好检验记录		

续表

实施要点	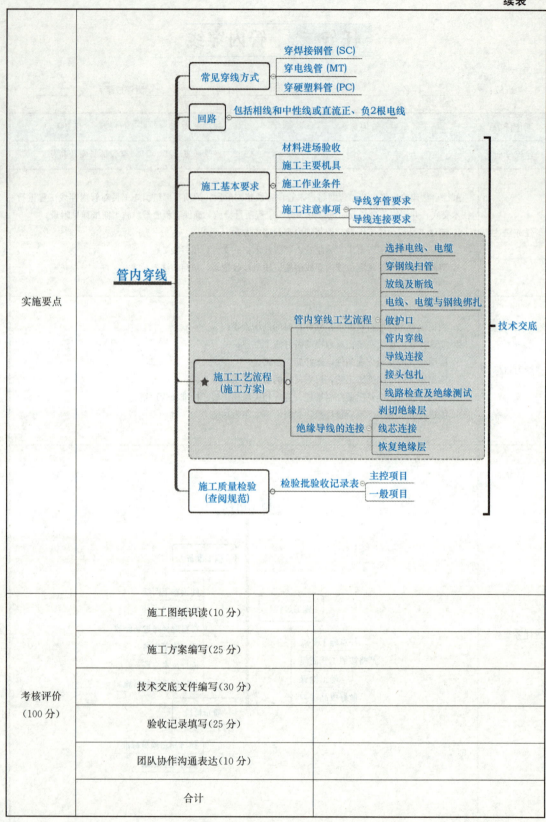	
考核评价 (100分)	施工图纸识读(10分)	
	施工方案编写(25分)	
	技术交底文件编写(30分)	
	验收记录填写(25分)	
	团队协作沟通表达(10分)	
	合计	

知识准备

一、管内穿线基本知识

管内穿线也称导管配线、线管配线、配管配线，即将绝缘导线穿于保护管内进行敷设。这种配线方式比较安全可靠，可避免腐蚀气体的侵蚀和遭受机械损伤，更换电线方便。管内穿线在工业和民用建筑中使用最为广泛，较为常见的有穿焊接钢管（SC）、穿电线管（MT）、穿硬塑料管（PC）配线。

回路是指同一个控制开关及保护装置引出的线路。其包括相线和中性线或直流正、负两根电线，且线路自始端至用电设备器具之间或至下一级配电箱之间不再设置保护装置。

二、施工基本要求

1. 导线穿管的要求

(1) 导线在管内不应有接头和扭结，接头应放在接线盒（箱）内。

(2) 同一交流回路的导线必须穿于同一管内。

(3) 不同回路、不同电压等级和不同电流种类的导线，不得同管敷设，但下列几种情况除外：

1) 电压为 50 V 及以下的回路；

2) 同一台设备的电源线路和无干扰要求的控制回路；

3) 同一花灯的所有回路；

4) 同类照明的多个分支回路，但管内的导线总数不应超过 8 根。

(4) 当采用多相供电时，同一建筑物、构筑物的电线绝缘层颜色选择应一致，即保护地线（PE线）应是黄绿相间色，零线用淡蓝色；相线：A 相用黄色、B 相用绿色、C 相用红色。

(5) 管内导线包括绝缘层在内的总截面面积不应大于管子内空截面面积的 40%。

2. 导线连接的要求

导线的连接方法有绞接、焊接、压板压接、压线帽压接、套管连接、接线端子连接、螺栓连接等。

导线连接的一般要求如下：

(1) 截面面积为 10 mm² 及以下的单股导线：可直接与设备、器具的端子连接；

(2) 截面面积为 2.5 mm² 及以下的多股铜芯线：应先拧紧、搪锡或压接端子，再与设备及器具的端子连接；

(3) 多股铝芯线和截面面积大于 2.5 mm² 的多股铜芯线：应焊接或压接接线端子后再与设备及器具的端子连接。

3. 电线、电缆的质量要求

(1) 按批查验合格证，合格证有生产许可证编号，按《额定电压 450/750 V 及以下聚氯乙烯绝缘电缆》(GB/T 5023.1～GB/T 5023.7)标准生产的产品有安全认证标志；

(2)外观检查：包装完好，抽检的电线绝缘层完整无损，厚度均匀；电缆无压扁、扭曲，铠装不松卷；耐热、阻燃的电线、电缆外护层有明显标识和制造厂标；

(3)按制造标准，现场抽样检测绝缘层厚度和圆形线芯的直径；线芯直径误差不大于标称直径的1%；常用的BV型绝缘电线的绝缘层厚度不小于表2-5的规定；

表2-5　BV型绝缘电线的绝缘层厚度

序号	1	2	3	4	5	6	7	8	9	10	11	12	13	14	15	16	17
电线芯线标称截面面积/mm²	1.5	2.5	4	6	10	16	25	35	50	70	95	120	150	185	240	300	400
绝缘层厚度规定值/mm	0.7	0.8	0.8	0.8	1.0	1.0	1.2	1.2	1.4	1.4	1.6	1.6	1.8	2.0	2.2	2.4	2.6

(4)对电线、电缆绝缘性能、导电性能和阻燃性能有异议时，按批抽样送有资质的试验室检测。

三、施工工艺流程

(一)管内穿线

电线、电缆穿管配线应按以下程序进行：

(1)接地(PE)或接零(PEN)及其他焊接施工完成，经检查确认，才能穿入电线或电缆；

(2)与导管连接的柜、屏、台、箱、盘安装完成，管内积水及杂物清理干净，经检查确认，才能穿入电线、电缆；

(3)电缆穿管前绝缘测试合格，才能穿入导管；

(4)电线、电缆交接试验合格，且对接线去向和相位等检查确认，才能通电。

管内穿线施工工艺流程如图2-5所示。

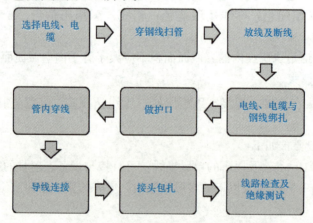

图2-5　管内穿线施工工艺流程

管内穿线工作一般应在管子全部敷设完毕及土建地坪和粉刷工程结束后进行。导线穿管时，应先穿一根钢丝作带线。带线穿入时，先将钢丝的一端撅弯成不封口的圆圈，再将带线穿入管路。当管路较长或弯曲较多时，应在配管时就将带线穿好。一般在现场施工中对于管路较长，弯曲较多，从一端穿入钢带线有困难时，多采用从两端同时穿钢带线，且将带线头弯成小钩，当估计一根带线端头超过另一根带线端头时，用手旋转较短的一根，使两根带线绞接在一起，然后把一根带线拉出，此时带线就穿好了。

在穿线前，应将管中的积水及杂物清除干净。线管清理应由两人操作，清除的方法是，将一块小布条绑扎到带线上，一人送带线，另一人拉线，两人拉送带线的同时，小布条就可以完成线管的清理。

穿线之前要确定导管内的导线根数和颜色，将导线前端的绝缘层削去，然后将线芯直接插入带线的盘圈并折回压实，绑扎牢固，使绑扎处形成一个平滑的锥形过渡部位。

拉线时，应由两人操作，较熟练的一人送线，另一人拉线，两人送拉动作要配合协调，不可硬送、硬拉。同时应注意送入和拉出时，都应使导线平行管路，并且垂直送入和拉出，以防管口割伤导线。当导线拉不动时，两人应反复来回拉1~2次再向前拉，不可过分勉强而将带线或导线拉断。

在较长的垂直管路中，为防止由于导线的本身自重拉断导线或拉松接线盒中的接头，导线每超过下列长度，应在管口处或接线盒中加以固定：对截面面积为 50 mm² 以下的导线，长度为 30 m；截面面积为 70~95 mm² 的导线，长度为 20 m；截面面积为 120~240 mm² 的导线，长度为 18 m。导线在接线盒内的固定方法如图 2-6 所示。

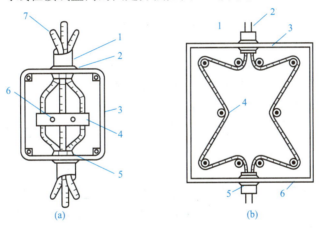

图 2-6 垂直管线的固定
(a)固定方法一
1—电线管；2—根母；3—接线盒；4—木质线夹；5—护口；6—M6 机螺栓；7—电线
(b)固定方法二
1—根母；2—电线；3—护口；4—瓷瓶；5—电线管；6—接线盒

导线穿管之后，要进行接头包扎。首先用PVC绝缘胶带从导线接头处始端的完好绝缘层开始，缠绕1~2个绝缘带幅宽度，再以半幅宽度重叠进行缠绕。在包扎过程中，应尽可能地收紧绝缘带。最好在绝缘层上缠绕1~2圈后，再进行回缠。然后用黑胶带包扎，包扎时要衔接好，以半幅宽度边压边进行缠绕，同时，在包扎过程中收紧胶布，导线接头处两端应用黑胶带封严密。导线接头包扎后，应将导线盘好并放入盒内，以待最后和相应的电气部件连接。导线在出箱或出盒处应有预留长度，通常接线盒以一周为宜，配电箱为其周长的一半。

(二)绝缘导线的连接

当导线不够长或分支路时,需要将导线连接起来。导线与导线间的连接及导线与电器间的连接,称为导线的接头。在室内配线工程中应尽量减少导线接头,并应特别注意接头的质量。因为导线一般发生的故障,多数是发生在接头上,但必要的连接是不可避免的。为了保证导线接头质量,当设计无特殊规定时,应采用焊接、压板压接或套管连接。导线连接还应符合下列要求:

(1)接触紧密,使接头处电阻最小;
(2)连接处的机械强度与非连接处相同;
(3)耐腐蚀;
(4)接头处的绝缘强度与非连接处导线绝缘强度相同。

绝缘导线的连接施工工艺流程如图 2-7 所示。

图 2-7　绝缘导线的连接施工工艺流程

1. 导线绝缘层的剥切

绝缘导线连接前,必须把导线端头的绝缘层剥掉,绝缘层的剥切长度因接头方式和导线截面的不同而不同。绝缘层的剥切方法要正确,不能损伤线芯。用电工刀剥切绝缘层,根据所需线头长度,用电工刀以 45°斜切入绝缘层,如图 2-8 所示,刀面与芯线保持 25°左右用力向线端推削,削去上面一层绝缘,将下面的绝缘层向后扳倒,用电工刀切齐。

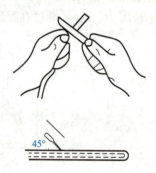

图 2-8　导线绝缘层的剥切

2. 线芯连接

(1)单股铜线的直接连接。绝缘层剥掉后,就可以进行导线的连接了。对于截面面积较小的单股导线(如 6 mm² 以下),一般多采用绞接法连接。而截面面积超过 6 mm² 的铜线,常采用绑接法连接。绞接时,先将导线互绞 2~3 圈,然后,将每一导线端部分别在另一线上紧密地缠绕 5 圈,余线割弃,使端部紧贴导线,如图 2-9 所示。双芯线采用绞接时,两处连接位置应错开一定距离,如图 2-10 所示。

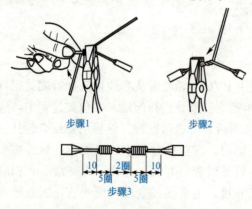

图 2-9　单芯线直接连接

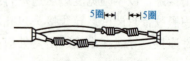

图 2-10　双芯线连接

(2)单股铜线的T形连接。当一条导线的端点需要在另一条导线的非端点连接时,就需要用到导线的T形分支连接。绞接时,先用手将支线在干线上粗绞1~2圈,在用钳子紧密缠绕5圈,余线割弃,如图2-11所示。

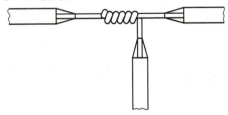

图 2-11 单股铜线的 T 形连接

(3)单股铜线的十字形连接。有时,单股导线还需要进行十字形连接。有两种接法,如图2-12所示,第一种绞接,先将两根支线并排在干线上粗绞2~3圈,再用钳子紧密缠绕5圈,余线割弃;第二种绞接是两根支线分别在两边紧密缠绕5圈,余线割弃。

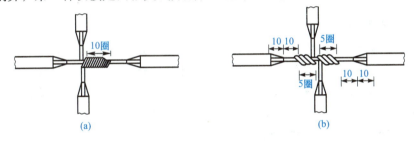

图 2-12 单股铜线的十字形连接
(a)接法一;(b)接法二

(4)多股铜导线的直线绞接。截面面积 10 mm² 以上的导线是多股线,多股导线的连接采用的是绑接法。先将剥去绝缘的芯线头散开并拉直,在芯线长三分之二处,将芯线头分散成伞状,把线头隔根对插,把张开的各线端合拢,把7根芯线可分为2、2、3的三个组合,把第一组的两根扳直对绕两圈,绕两圈后用第二组的两根线芯压紧第一组两根线也绕两圈,用同样的方法再绕第三组的三根线芯绕三圈,用同样方法再缠绕另一边线芯,钳掉多余部分,如图2-13所示。

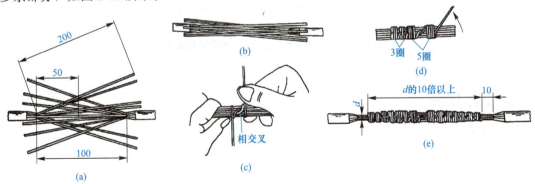

图 2-13 多股铜导线的直线绞接连接
(a)步骤一;(b)步骤二;(c)步骤三;(d)步骤四;(e)步骤五

(5)多股铜导线的分支绞接。多股铜导线的分支绞接是把支路线芯根部八分之一的芯线绞紧，八分之七的芯线分成 3 根和 4 根两组。将 4 根的插入干线中间，3 根的放在干线前，把 4 根芯线的一组绕干线 4~5 圈，把 3 根芯线的一组往干线上紧绕 3~4 圈，把余线钳断，用钳子将线头钳平。这样导线就连接完成了，如图 2-14 所示。

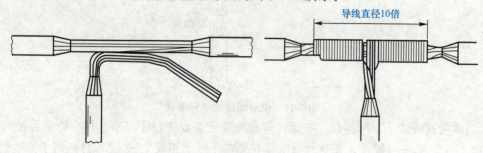

图 2-14　多股铜导线的分支绞接

3. 恢复导线绝缘层

所有导线连接完成后，均应采用绝缘带包扎，以恢复其绝缘。经常使用的绝缘带有黑胶带、自黏性橡胶带和黄蜡带等。应根据接头处环境和对绝缘的要求，结合各绝缘带的性能进行选用。包缠时采用斜叠法，使每圈压叠宽的半幅。第一层缠绕完成后，再用另一斜叠方向缠绕第二层，使绝缘层的缠绕厚度达到电压等级绝缘要求为止。包缠时，要用力拉紧，使之包缠紧密坚实，以免潮气浸入。图 2-15 所示为绝缘导线直线接头绝缘包扎方法。

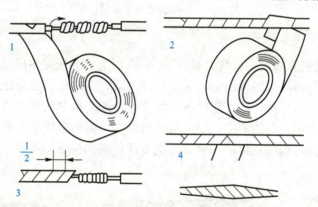

图 2-15　绝缘导线直线接头绝缘包扎方法

工作任务

1. 编写管内穿线施工方案。

_____
_____
_____
_____

2. 编写管内穿线技术交底记录(表2-6)。

表 2-6 技术交底记录

工程名称			交底日期	
施工单位			分项工程名称	
交底提要				

交底内容：

审核人		交底人		接受交底人	

注：1. 本表由施工单位填写，交底单位与接受交底单位各存一份。
　　2. 当做分项工程施工技术交底时，应填写"分项工程名称"栏，其他技术交底可不填写。

3. 填写管内穿线检验批质量验收记录(表2-7)。

表 2-7　检验批质量验收记录表(GB 50303—2015)

单位(子单位)工程名称				
分部(子分部)工程名称		验收部位		
施工单位		项目经理		
分包单位		分包项目经理		
施工执行标准名称及编号				
\multicolumn{2}{l|}{施工质量验收规范的规定}	施工单位检查评定记录		监理(建设)单位验收记录
主控项目	1			
	2			
	3			
	4			
一般项目	1			
	2			
	3			
	4			
	5			
	6			
	专业工长(施工员)		施工班组长	
施工单位检查评定结果	项目专业质量检查员：			年　月　日
监理(建设)单位验收结论	专业监理工程师(建设单位项目专业技术负责人)：			年　月　日

任务三　电缆桥架安装

班级：_____ 姓名：_____ 学号：_____ 日期：_____ 测评成绩：_____

工作任务	电缆桥架安装	教学模式	项目教学＋任务驱动
建议学时	4学时	教学地点	多媒体教室＋机房
任务描述	某综合楼建筑电气安装工程即将进入地下室电缆桥架安装施工阶段，请项目部组织施工员电缆桥架安装工程进行技术交底，并组织质量员及时进行分部分项工程质量检验，确保工程质量。施工图纸详见附录。 1. 请施工员识读施工图纸，编写电缆桥架安装施工方案。 2. 请施工员根据工程要求，编制电缆桥架安装技术交底文件，填写表2-8。 3. 请质量员按照要求完成电缆桥架安装的施工质量验收记录，填写表2-9。		
学习目标	1. 能提出电缆桥架安装材料要求，做好材料的进场验收； 2. 能选择电缆桥架安装主要机具，提前做好施工准备； 3. 能明确电缆桥架安装作业条件，做好施工衔接； 4. 能制定电缆桥架安装施工工艺，树立良好的安全文明施工意识； 5. 能确定质量标准及质量控制措施，遵守相关法律法规、标准和管理规定； 6. 能进行分部分项工程质量检验，提高语言文字表达能力		
任务实施	施工阶段 ├─ 施工准备 │　├─ 阅读施工图纸 │　├─ 准备常用工具 │　├─ 材料选择与进场验收 │　├─ 编写施工方案 │　├─ 进行技术交底 │　└─ 制定质量控制措施 ├─ 施工过程 │　├─ 注意施工要点 │　├─ 严格按照工艺流程 │　├─ 随工检查 │　└─ 做好成品保护 └─ 质量检验 　　├─ 执行质量检验标准 　　└─ 做好检验记录		

续表

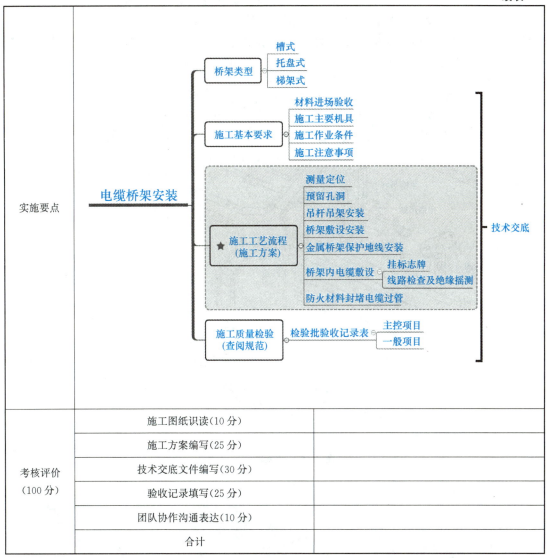

考核评价 (100 分)	施工图纸识读(10 分)	
	施工方案编写(25 分)	
	技术交底文件编写(30 分)	
	验收记录填写(25 分)	
	团队协作沟通表达(10 分)	
	合计	

知识准备

一、桥架基本知识

电缆桥架按照制造材料不同可分为钢制电缆桥架、铝合金电缆桥架及玻璃钢电缆桥架。电缆桥架用于电力电缆、控制电缆、弱电电缆数量较多或较为集中的场所的敷设,可安装于室内、室外架空、电缆沟、电缆隧道及电缆竖井。

电缆桥架可分为槽式、托盘式和梯架式等形式。其由支架、托臂和安装附件等构成,如图 2-16 所示。槽式电缆桥架是一种全封闭型电缆桥架,用于维护绝缘导线和电缆,带底座和可移动盖子的封闭壳体,能够对控制电缆的屏蔽干扰和重腐蚀环境中电缆的起到防护作用,如图 2-17 所示;托盘式电缆桥架是带有连续底盘和侧边,但没有盖子的电缆支撑物，具有质量轻、荷载大、造型美观、结构简单、安装方便等优点，既适用动力电缆，也适用控制电缆的敷设，如图 2-18 所示；梯架式电缆桥架带有牢固地固定在纵向主支撑组件上的一系列横向支撑构件的电缆支撑物，具有质量轻、成本低、造型别致、安装方便、散热、透气好等优点，适用于直径较大电缆的敷设，如图 2-19 所示。

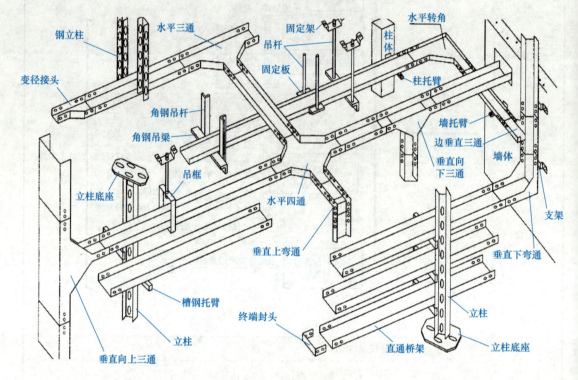

图 2-16　电缆桥架安装

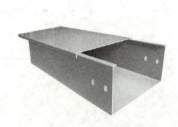
图 2-17　槽式电缆桥架

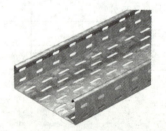
图 2-18　托盘式电缆桥架

图 2-19　梯架式电缆桥架

二、施工基本要求

（1）查验合格证及出厂检验报告：内容填写应齐全、完整。

（2）外观检查：部件齐全，表面光滑、不变形；钢制桥架涂层完整，无锈蚀；玻璃钢制桥架色泽均匀，无破损碎裂；铝合金桥架涂层完整，无扭曲变形，不压扁，表面不划伤。电缆无压扁、扭曲，铠装不松卷。耐热、阻燃的电线、电缆外护层有明显标识和制造厂标；按制造标准，现场抽样检测绝缘层厚度和圆形线芯的直径；线芯直径误差不大于标称直径的1%；对电缆绝缘性能、导电性能和阻燃性能有异议时，按批抽样送有资质的试验室检测。

(3)在有腐蚀或特别潮湿的场所采用电缆桥架布线时，电缆桥架及其支、吊架应采用耐腐蚀的刚性材料材质，或采取防腐蚀处理，对耐腐蚀性能要求较高或要求洁净的场所，宜采用铝合金电缆桥架。布线电缆并宜选用塑料护套电缆。

(4)电缆桥架(梯架、托盘)水平敷设时的距地高度一般不宜低于2.5 m，垂直敷设时距地1.8 m以下部分应加金属盖板保护，但敷设在电气专用房间(如配电室、电气竖井、技术层等)内时除外。电缆桥架水平敷设在设备夹层或上人马道且低于2.5 m，应采取保护接地措施。

(5)电缆桥架在有防火要求的区段内，可在电缆桥架、托盘内添加具有耐火或难燃性能的板、网等材料构成封闭或半封闭式结构，并采取在桥架及其支、吊架表面涂刷防护涂层等措施。在工程防火要求较高的场所，不宜采用铝合金电缆桥架。

(6)在容易积聚粉尘的场所，电缆桥架应选用盖板；在公共通道或室外跨越道路时，底层桥架上宜加垫板或使用无孔托盘。

(7)电缆托盘、梯架上的电缆可无间距敷设，电缆在托盘、梯架内横断面的填充率：电力电缆不大于40%，控制电缆不大于50%。

(8)下列不同电压、不同用途的电缆不宜敷设在同一层桥架上，如受条件限制安装在同一层桥架上时，应用隔板隔离：1 kV以上和1 kV以下的电缆；向一级负荷供电的双路电源电缆；应急照明和其他照明的电缆；强电和弱电电缆。

(9)电缆托盘、梯架不宜敷设在腐蚀性气体管道和热力管道的上方及腐蚀性液体管道的下方，否则应采取防腐隔热措施。

(10)电缆桥架多层敷设时，其层间距离：控制电缆间不应小于0.2 m；电力电缆间不应小于0.3 m；弱电电缆与电力电缆间不应小于0.5 m，如有屏蔽盖板可减少到0.3 m；桥架上部距顶棚或其他障碍物不应小于0.3 m。

(11)支架安装前，应先测量定位。梯架、托盘和槽盒安装前，应完成支架安装，且顶棚和墙面的喷浆、油漆或壁纸等应基本完成。

三、施工工艺流程

电缆桥架安装应按以下程序进行：
(1)测量定位，安装桥架的支架，经检查确认，才能安装桥架；
(2)桥架安装检查合格，才能敷设电缆；
(3)电缆敷设前绝缘测试合格，才能敷设；
(4)电缆电气交接试验合格，且对接线去向、相位和防火隔堵措施等检查确认，才能通电。
(5)电缆桥架安装施工工艺流程如图2-20所示。

1. 测量定位

根据设计图确定出进户线、盒、箱、柜等电气器具的安装位置，从始端至终端(先干线后支线)找好水平或垂直线，用粉线袋沿墙壁、顶棚和地面等处，在线路的中心线进行弹线，按照设计图要求及施工验收规范规定，分匀档距并用笔标出具体位置。

2. 预留孔洞

根据设计图标注的轴线部位,将预制加工好的木质或铁制框架,固定在标出的位置上,并进行调直找正,待现浇混凝土凝固模板拆除后,拆下框架,并抹平孔洞口(收好孔洞口)。

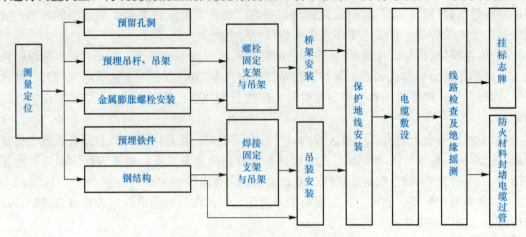

图 2-20 电缆桥架安装施工工艺流程

3. 支架与吊架安装要求及预埋吊杆、吊架

(1)支架与吊架安装要求。

1)支架与吊架所用钢材应平直,无明显扭曲。下料后长短偏差应在 5 mm 范围内,切口处应无卷边、毛刺。

2)严禁用木砖固定支架与吊架,钢支架与吊架应焊接牢固,无显著变形,焊缝均匀平整,焊缝长度应符合要求,不得出现裂纹、咬边、气孔、凹陷、漏焊、焊漏等缺陷。

3)支架与吊架应安装牢固,保证横平竖直,在有坡度的建筑物上安装支架与吊架应与建筑物有相同坡度。

4)支架与吊架的规格一般不应小于扁钢 30 mm×3 mm、角钢 25 mm×25 mm×3 mm。

5)严禁用电气焊切割钢结构或轻钢龙骨任何部位,当确需与钢结构焊接固定时,应经过结构设计人同意方可进行,且焊接后应做防腐处理。

6)万能吊具应采用定型产品对桥架进行吊装,并应有各自独立的吊装卡具或支撑系统。

7)在进出接线盒、箱、柜、转角、转弯和变形缝两端及丁字接头的三端 500 mm 以内应设置固定支持点。

8)水平桥架安装过程中,应有防晃措施。

9)电缆桥架水平敷设时,应按负荷曲线选取最佳跨距进行支撑,跨距一般为 1.5~3 m;垂直敷设时其固定点间距不宜大于 2 m。

10)支架与吊架距离上层楼板不小于 150 mm;距离地面高度不低于 100 mm(电缆沟内),膨胀螺栓固定时,选用螺栓适配,连接紧固,防松零件齐全。

(2)预埋吊杆、吊架。采用直径不小于 8 mm 的圆钢,经过切割、调直、撤弯及焊接等步骤制作成吊杆、吊架,其端部应套丝以便于调整。在配合土建结构中,应随着钢筋上配筋的同时,将吊杆或吊架锚固在所标出的固定位置。在混凝土浇筑时,要留有专人看护以防吊杆或吊架移位。拆模板时不得碰坏吊杆端部的丝扣。

4. 金属膨胀螺栓安装

首先沿着墙壁或顶板根据设计图进行弹线定位，标出固定点的位置。根据支架或吊架承受的荷重，选择相应的金属膨胀螺栓及钻头，所选钻头长度应大于套管长度。清除孔洞内的碎屑后用木槌或垫上木块，用铁锤将膨胀螺栓敲进洞内，打入深度达到套管与建筑物表面平齐为止，螺栓端部外露，敲击时不得损伤螺栓的丝扣。埋好螺栓后，可用螺母配上相应的垫圈将支架或吊架直接固定在金属膨胀螺栓上。

5. 预埋铁

应按桥架荷载确定预埋铁规格，最小尺寸不应小于 120 mm×60 mm×6 mm，其锚固圆钢的直径应不小于 8 mm。紧密配合土建结构施工，将预埋铁的平面放在钢筋网片下面，紧贴模板，可以采用绑扎或焊接的方法将锚固圆钢固定在钢筋网上，模板拆除后，预埋铁的平面应明露或吃进度一般为 2～3 cm，再将用扁钢或角钢制成支架、吊架焊接在上面固定。

6. 钢结构

经结构设计同意后并有书面记录时，可将支架或吊架直接焊接在钢结构上的固定位置处，也可利用万能吊具进行安装。

7. 电缆桥架安装

(1)电缆桥架安装要求。桥架的接口应平整，接缝处应紧密平直。桥架盖装上后应平整，无翘角，出线口的位置准确。在吊顶内敷设时，如果检修需要破坏吊顶板时应留有检修孔。不允许将穿过墙壁的桥架与墙上的孔洞一起抹死，应留 2～5 cm 的缝隙。桥架穿墙及穿楼板做法如图 2-21 所示。

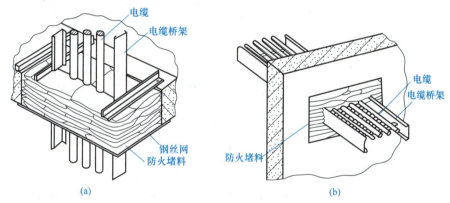

图 2-21 电缆桥架穿墙及穿楼板做法
(a)电缆桥架穿楼板防火安装方法；(b)电缆桥架穿墙防火安装方法

桥架的所有非导电部分的铁件均应相互连接和跨接，使之成为一个连续导体，并做好整体接地。桥架经过建筑物的变形缝(伸缩缝、沉降缝)时，桥架本身应断开，槽内用内连接板搭接，不需固定。保护地线和槽内导线均应留有补偿余量。直线段钢制电缆桥架长度超过 30 m，铝合金或玻璃钢制桥架长度超过 15 m 时应设伸缩节，伸缩节做法如图 2-22 所示。敷设在竖井、吊顶、通道、夹层及设备层等处的桥架应符合《建筑设计防火规范(2018年版)》(GB 50016—2014)的有关防火要求。几组电缆桥架在同一高度平行安装时，各相邻电缆桥架间应考虑维护、检修距离及桥架出管方便。

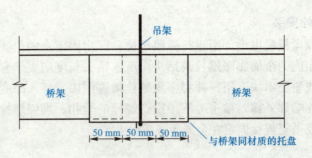

图 2-22 桥架伸缩节做法

(2)电缆桥架敷设安装。桥架直线段组装时，应先组装干线，再组装分支线。桥架与桥架可采用内连接头或外连接头，配上平垫和弹簧垫用螺母紧固，螺母必须在桥架壁外侧，接茬处应缝隙严密平齐。桥架进行交叉、转弯、丁字连接时，应采用直通、二通、三通、四通或平面二通、平面三通等进行变通连接。桥架与盒、箱、柜等接楂时，进线和出线口等处应采用抱脚连接，并用螺钉紧固，末端应加装封堵，如图 2-23 所示。建筑物的表面如有坡度时，桥架应随其变化坡度。待桥架全部敷设完毕后，应在电缆敷设之前进行调整检查，确认合格后，再进行桥架内电缆敷设。

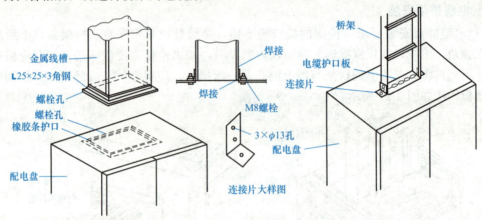

图 2-23 电缆桥架与配电盘连接

8. 金属桥架保护地线安装

保护地线应根据设计图要求敷设在桥架内一侧，接地处螺钉直径不应小于 6 mm，并且需要加平垫和弹簧垫圈。金属电缆桥架及其支架首端和末端均应与接地(PE)或接零(PEN)干线相连接。电缆桥架的宽度在 100 mm 以内(含 100 mm)，两段桥架用连接板连接处(及连接板做地线时)，每端螺钉固定点不少于 4 个；宽度在 200 mm 以上(含 200 mm)，两段桥架用连接板保护地线每段螺钉固定点不少于 6 个。支、托架的接地，采用 $\phi 10$ 镀锌螺钉加平垫和弹簧垫圈，用螺母将支、托架与桥架压接牢靠。

9. 桥架内电缆敷设

电缆敷设前进行绝缘摇测或耐压试验。1 kV 以下电缆，用 1 kV 摇表摇测线间及对地的绝缘电阻应不低于 10 MΩ。敷设电缆时，在各种弯头处应加导板，防止电缆敷设时外皮损伤。电缆敷设后未接线以前，应用橡皮包布密封后用黑胶带包好。室内电缆托盘、梯架布线不应采用具有黄麻或其他易燃材料外保护层的电缆。

(1)水平敷设。敷设方法可用人力或机械牵引。电缆应单层敷设,排列整齐,不得有交叉,拐弯处应以最大截面电缆允许弯曲半径为准。不同等级电压的电缆应分层敷设,高电压电缆应敷设在上层。同等级电压的电缆沿支架敷设时,水平净距不小于 35 mm。电缆敷设排列整齐,电缆首尾两端、转弯两侧及每隔 5~10 m 处设固定点。

(2)垂直敷设。垂直敷设,有条件的最好自上而下敷设。土建未拆起重机前,将电缆吊至楼层顶部。敷设时,同截面电缆应先敷设低层,后敷设高层。需要特别注意的是,在电缆轴附近和部分楼层应采取防滑措施。自下而上敷设时,低层、小截面电缆可用滑轮和大绳人力牵引敷设。高层、大截面电缆宜用机械牵引敷设。电缆敷设时,每层最少加装两道卡固支架。敷设时,应放一根立即卡固一根。电缆沿桥架敷设穿过楼板时,预留通洞,敷设完成后应将洞口用防火材料堵死。电缆在超过 45°倾斜敷设或垂直敷设时,应在每个支架上进行固定(2 m),交流单芯电缆或分相后的每相电缆固定用的夹具和支架,不形成闭合铁磁回路。

(3)挂电缆标志牌。标志牌上应注明电缆编号,起、止点,规格,型号及电压等级。标志牌规格应一致,并有防腐性能,挂装应牢固。字迹应清晰不易褪色。在桥架两端、拐弯处、交叉处和每隔 50 m 处应挂电缆标志牌,直线段应适当增设标志牌。

工作任务

1. 编写电缆桥架安装施工方案。

2. 编写电缆桥架安装技术交底记录(表 2-8)。

表 2-8 技术交底记录

工程名称		交底日期	
施工单位		分项工程名称	
交底提要			
交底内容：			
审核人	交底人	接受交底人	

注：1. 本表由施工单位填写，交底单位与接受交底单位各存一份。
　　2. 当做分项工程施工技术交底时，应填写"分项工程名称"栏，其他技术交底可不填写

3. 填写电缆桥架检验批质量验收记录(表2-9)。

表 2-9 检验批质量验收记录表(GB 50303—2015)

单位(子单位)工程名称				
分部(子分部)工程名称			验收部位	
施工单位			项目经理	
分包单位			分包项目经理	
施工执行标准名称及编号				
施工质量验收规范的规定			施工单位检查评定记录	监理(建设)单位验收记录
主控项目	1			
	2			
	3			
	4			
一般项目	1			
	2			
	3			
	4			
	5			
	6			
施工单位检查评定结果	专业工长(施工员)		施工班组长	
	项目专业质量检查员:　　　　　　　　　　　　　　年　月　日			
监理(建设)单位验收结论	专业监理工程师(建设单位项目专业技术负责人):　　　　年　月　日			

"大国工匠"王进

身边是上百万伏的特高压，脚下是70层楼高的线路杆塔。在这样的工作环境中，他已经工作了20年，练就了"一声辨、一眼定、一招准、一线稳"四大绝活，参与完成超、特高压带电作业300余次，累计减少停电时间700多个小时，创造的经济价值超过3亿元……他就是"大国工匠"王进，国网山东省电力公司检修公司带电作业班副班长。

王进第一次参加带电作业培训是在2001年，他看到有人在铁塔上爬到一半就吓哭了，心中无比忐忑。顺着铁塔往上爬，听着嗡嗡的电晕声，王进感到头皮发麻。在进入电场的一瞬间，手与导线产生的电弧，还有电弧带来的巨大声响，都让王进想停下脚步。但随后他稳了稳神，牙一咬、心一横，一把抓住了高压线，成功实现等电位，完成了他的第一次带电作业任务。就在"摸电"的那一瞬间，他与带电作业结下了不解之缘。工作时身处深山野外，常年与高温酷暑相伴，王进每次带电作业的都是500 kV及以上的线路，精力高度集中，动作稳定准确，在生命的"禁区"中穿梭，丝毫闪失都会铸成大错。

2008年夏天，山东电网500 kV辛聊线有一处导线破损，需要及时处理。按照规定，断股超过25%，必须切断电源，重新压接导线。而当时天气炎热，这条线路所带的负荷特别大，切断电源检修会导致限电。最终，公司决定带电处理导线破损问题。王进主动请缨，在高温中爬上50多米高的铁塔实施带电修补。当时，铁塔的表面温度已经达到60℃。王进进入电场后，突然感觉一阵眩晕，出现了中暑症状。他让同事从地面传上来两瓶水，大口喝了下去。恢复体力后，他咬紧牙关一步一步完成了操作。下塔后，王进的肌肉出现了轻度痉挛。同事们立刻上前扶住他，帮他把紧贴在身上的阻燃内衣拽了下来，此时的王进已全身湿透。

2011年10月，±660 kV银东线2012号塔导线线夹螺栓处开口销脱落，情况紧急，需要立即开展带电作业。银东直流线路是世界首条±660 kV输电线路工程，输送电力占当时山东电网负荷的近十分之一，相当于整个青岛市的用电负荷，是一条"不能停电的线路"。2011年10月17日，中央电视台现场直播了带电作业全程。王进用不到1个小时，成功完成了这次带电作业。比起停电检修，这次带电作业为社会节省电量1 000万kW时，避免经济损失500余万元。

多年来，王进干一行爱一行，在危险艰辛中积累经验，在孜孜以求中涵养本领，从一名只有中专学历的普通工人成长为行业专家。他带领他的创新团队制定了±660 kV带电作业成套技术标准，研制出"±660 kV电位转移棒"等专用工器具，填补了世界范围内的技术空白。2015年，带电作业创新成果获得国家科技进步二等奖。另外，依托660 kV直流带电作业的技术经验，通过团队的不懈努力，2017年，王进团队又实现了1 000 kV特高压带电作业。

王进同志是伴随我国电网事业发展起来的产业工人杰出代表，是知识型、技能型、创新型的"高压带电作业勇士"。他用实际行动生动诠释了习近平总书记"劳动最光荣，劳动最崇高，劳动最伟大，劳动最美丽"的重要思想，在建设中国特色国际领先的能源互联网企业的新征程上"创新、创效、干精彩"，谱写了新时代的劳动者之歌。

项目三　照明装置安装

任务一　灯具安装

班级：_____ 姓名：_____ 学号：_____ 日期：_____ 测评成绩：_____

工作任务	灯具安装	教学模式	项目教学＋任务驱动
建议学时	2学时	教学地点	多媒体教室＋机房
任务描述	某综合楼建筑电气安装工程即将进入灯具安装工程施工阶段，请项目部组织施工员对灯具安装工程进行技术交底，并组织质量员及时进行分部分项工程质量检验，确保工程质量。施工图纸详见附录。 1. 请施工员识读施工图纸，编写灯具安装施工方案。 2. 请施工员根据工程要求，编制灯具安装技术交底文件，填写表3-1。 3. 请质量员按照要求完成灯具安装的施工质量验收记录，填写表3-2		
学习目标	1. 能提出灯具安装材料要求，做好材料的进场验收； 2. 能选择灯具安装主要机具，提前做好施工准备； 3. 能明确灯具安装作业条件，做好施工衔接； 4. 能制定灯具安装施工工艺，树立良好的安全文明施工意识； 5. 能确定质量标准及质量控制措施，遵守相关法律法规、标准和管理规定； 6. 能进行分部分项工程质量检验，提高语言文字表达能力		
任务实施	**施工阶段** 施工准备：阅读施工图纸、准备常用工具、材料选择与进场验收、编写施工方案、进行技术交底、制定质量控制措施 施工过程：注意施工要点、严格按照工艺流程、随工检查、做好成品保护 质量检验：执行质量检验标准、做好检验记录		

续表

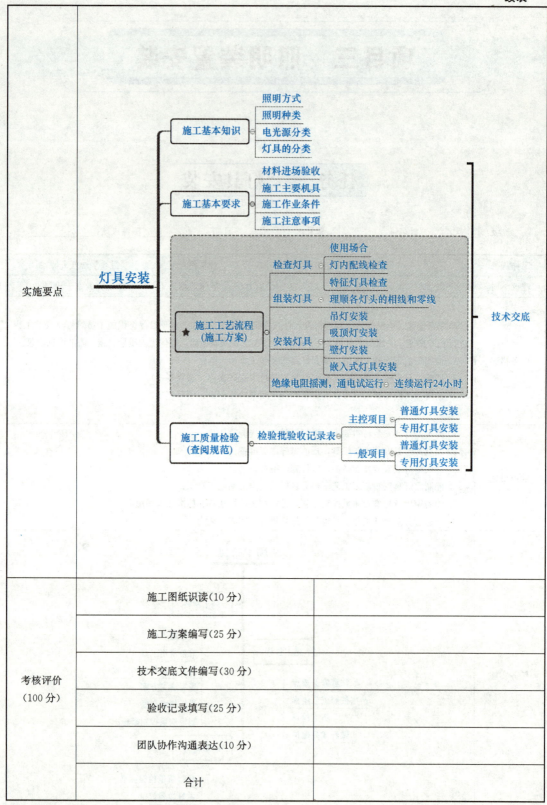

考核评价 (100 分)	施工图纸识读(10 分)	
	施工方案编写(25 分)	
	技术交底文件编写(30 分)	
	验收记录填写(25 分)	
	团队协作沟通表达(10 分)	
	合计	

知识准备

一、照明基本知识

1. 照明方式
照明方式可分为一般照明、分区一般照明(当某一工作区需要高于一般照明照度时,而采用的照明方式)、局部照明和混合照明四种。

2. 照明种类
照明种类可分为正常照明、应急照明(包括备用照明、疏散照明和安全照明)、值班照明、警卫照明、障碍照明、装饰照明六种。

3. 电光源的分类
电光源根据光的产生原理可分为热辐射光源和气体放电光源。热辐射光源是利用物体加热时辐射发光的原理所制造的光源,包括白炽灯和卤钨灯。气体放电光源是利用气体放电时发光的原理所制造的光源,如荧光灯、高压汞灯、高压钠灯、金属卤化物灯和氙灯等。

4. 灯具的分类
(1)根据灯具的结构形式,可将灯具分为开启型、闭合型、封闭型、密闭型、防爆安全型等。

(2)根据灯具的安装方式,可将灯具分为吸顶式、嵌入式、悬挂式和壁装式等,如图 3-1 所示。

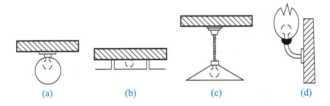

图 3-1 电气照明灯具安装方式
(a)吸顶式;(b)嵌入式;(c)悬挂式;(d)壁装式

二、施工基本要求

(1)查验合格证,新型气体放电灯具有随带技术文件。

(2)外观检查:灯具涂层完整,无损伤,附件齐全。防爆灯具铭牌上有防爆标志和防爆合格证号,普通灯具有安全认证标志。

(3)对成套灯具的绝缘电阻、内部接线等性能进行现场抽样检测。灯具的绝缘电阻值不小于 2 MΩ,内部接线为铜芯绝缘电线,其截面面积应与灯具功率相匹配,且不小于 0.5 mm²,灯具内绝缘导线的绝缘层厚度不小于 0.6 mm。对游泳池和类似场所灯具(水下灯及防水灯具)的密闭和绝缘性能有异议时,按批抽样送有资质的试验室检测。

(4)安装灯具的预埋螺栓、吊杆和吊顶上嵌入式灯具安装专用支架等完成,按设计要求做承载试验合格，才能安装灯具。

（5）影响灯具安装的模板、脚手架拆除，顶棚和墙面喷浆、油漆或壁纸等及地面清理工作基本完成后，才能安装灯具。

（6）导线绝缘测试合格，才能灯具接线。

（7）高空安装的灯具，地面通断电试验合格，才能安装。

（8）照明系统的测试和通电试运行应符合下列规定：

1）导线绝缘电阻测试应在导线接续前完成；

2）照明箱（盘）、灯具、开关、插座的绝缘电阻测试应在器具就位前或接线前完成；

3）通电试验前，电气器具及线路绝缘电阻应测试合格，当照明回路装有剩余电流动作保护器时，剩余电流动作保护器应检测合格；

4）备用照明电源或应急照明电源做空载自动投切试验前，应卸除负荷，有载自动投切试验应在空载自动投切试验合格后进行；

5）照明全负荷试验前，应确认上述工作应已完成。

三、施工工艺流程

灯具安装施工过程主要包括检查灯具、组装灯具、安装灯具和通电试运行，如图3-2所示。

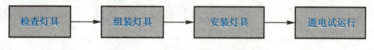

图3-2 灯具安装施工工艺流程

1. 检查灯具

（1）根据灯具的安装场所检查灯具是否符合要求：

1）在易燃和易爆场所应采用防爆式灯具；

2）有腐蚀性气体及特征潮湿的场所应采用封闭式灯具，灯具的各部件应做好防腐处理；

3）潮湿的厂房内和户外的灯具应采用有汇水孔的封闭式灯具；

4）多尘的场所应根据粉尘的浓度及性质，采用封闭式或密闭式灯具；

5）灼热多尘场所（如出钢、出铁、轧钢等场所）应采用投光灯；

6）可能受机械损伤的厂房内，应采用有保护网的灯具；

7）振动场所（如有锻锤、空压机、桥式起重机等），灯具应有防振措施（如采用吊链软性连接）；

8）除开敞式外，其他各类灯具的灯泡容量在100 W及以上者均应采用瓷灯口。

（2）灯内配线检查：

1）灯内配线应符合设计要求及有关规定；

2）穿入灯箱的导线在分支连接处不得承受额外应力和磨损，多股软线的端头需盘圈、涮锡；

3）灯箱内的导线不应过于靠近热光源，并应采取隔热措施。

4）使用螺灯口时，相线必须压在灯芯柱上。

（3）特征灯具检查：

1）各种标志灯的指示方向正确无误；

2）应急灯必须灵敏可靠；

3)事故照明灯具应有特殊标志；

4)供局部照明的变压器必须是双圈的，初次级均应装有熔断器；

5)携带式局部照明灯具用的导线，宜采用橡套导线，接地线或接零线应在同一护套内。

2. 组装灯具

(1)组合式吸顶花灯的组装。首先将灯具的托板放平，如果托板为多块拼装而成，就要将所有的边框对齐，并用螺钉固定，将其连成一体，然后按照说明书及示意图将各个灯口装好。确定出线和走线的位置，将端子板(瓷接头)用机螺钉固定在托板上。根据已固定好的端子板(瓷接头)至各灯口的距离掐线，将掐好的导线削出线芯，盘好圈后，进行涮锡。然后压入各个灯口，理顺各灯头的相线和零线，用线卡子分别固定，并且按供电要求分别压入端子板。

(2)吊顶花灯组装。首先将导线从各个灯口穿到灯具本身的接线盒里。一端盘圈、涮锡后压入各个灯口。理顺各个灯头的相线和零线，另一端涮锡后根据相序分别连接，包扎并甩出电源引入线，最后将电源引入线从吊杆中穿出。根据灯具的组装示意图，进行各部件的组装。选择适宜的场地，戴上纱线手套，灯内穿线的长度适宜，多股软线应涮锡，理顺导线，用尼龙扎带绑扎避开灯泡的发热区。

3. 安装灯具

(1)吊灯安装。吊灯安装可分为吊线式、吊链式和吊管式三种形式。

1)吊线式灯具安装：首先将电源线套上保护用塑料软管从木台线孔穿出，然后将木台固定。将吊线盒安装在木台上，从吊线盒的接线螺栓上引出软线，软线的另一端接到灯座上。软线吊灯仅限于质量为 1 kg 以下灯具安装，超过应该采用吊链式或吊管式安装，如图 3-3 所示。

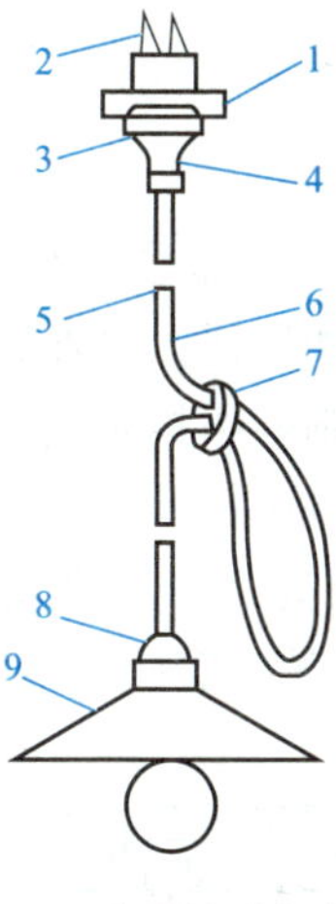

图 3-3　固定吊线式灯具安装

1、3—胶质或瓷质吊盒；2—固定圆木的木螺栓；
4—圆木；5、6、7—电缆；8—悬挂式胶质灯座；9—灯罩

2)吊链式灯具安装：根据灯具的安装高度确定吊链长度，将吊链挂在灯箱的挂钩上，并将导线依顺序编叉在吊链内，引入灯箱。灯线不应该承受拉力。

3)吊管式灯具安装：根据灯具的安装高度确定吊杆长度。将导线穿在吊管内。采用钢管作为吊管时，钢管内径不应小于 10 mm，以利于穿线。钢管壁厚不应小于 1.5 mm。

(2)吸顶灯安装。吸顶灯安装一般可直接将木台固定在顶棚的预埋木砖上或用预埋的螺

栓固定,然后将灯具固定在木台上,如图3-4所示。若灯泡和木台距离太近(如半扁灯罩),应在灯泡与木台间放置隔热层(石棉板或石棉布等)。

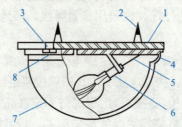

图3-4 吸顶式灯具安装示意图

1—圆木;2—圆木固定用螺钉;3—固定灯架木螺栓;4—灯架;5—灯头引线;
6—管接式瓷质螺口灯座;7—玻璃灯罩;8—固定灯罩木螺栓

(3)壁灯安装。壁灯可以安装在墙上或柱子上。当安装在墙上时,一般在砌墙时应预埋木砖,禁止用木楔代替木砖,也可以预埋螺栓或用膨胀螺栓固定;当安装在柱子上时,一般应在柱子上预埋金属构件将金属构件固定在柱子上,然后将壁灯固定在金属构件上,如图3-5所示。

(4)嵌入式灯具安装。顶棚内安装灯具专用支架,根据灯具的位置和大小在顶棚上开孔,安装灯具。灯线应留有余量,固定灯罩的边框边缘应紧贴在顶棚表面上。矩形灯具的边缘应与顶棚的装修线平行,如图3-6所示。

4. 通电试运行

灯具安装完毕,且各条支路的绝缘电阻摇测合格后,方允许通电试运行。通电后应仔细检查和巡视,检查灯具的控制是否灵活、准确;开关与灯具控制顺序相对应,如果发现问题必须先断电,然后查找原因并进行修复。

公共建筑照明系统通电试运行时间为24 h,所有照明灯具必须开启,并每2 h记录运行状况1次(各照明回路电压、电流),连续24 h运行无故障为合格,试运行记录应签字确认。

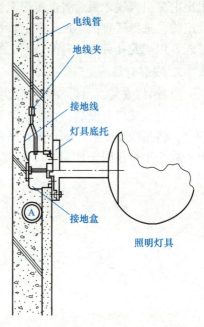

图3-5 壁灯安装

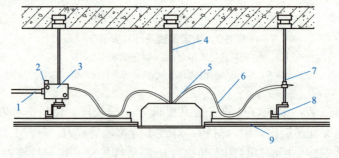

图3-6 嵌入式灯具安装

1—电线管;2—接地线;3—接线盒;4—吊杆;5—软管接头;
6—金属软管;7—管卡;8—吊卡;9—吊顶

工作任务

1. 编写灯具安装施工方案。

2. 编写灯具安装技术交底记录(表 3-1)。

表 3-1　技术交底记录

工程名称		交底日期	
施工单位		分项工程名称	
交底提要			
交底内容：			
审核人		交底人		接受交底人	

注：1. 本表由施工单位填写，交底单位与接受交底单位各存一份。
　　2. 当做分项工程施工技术交底时，应填写"分项工程名称"栏，其他技术交底可不填写。

3. 填写灯具安装检验批质量验收记录(表3-2)。

表 3-2　检验批质量验收记录表(GB 50303—2015)

单位(子单位)工程名称				
分部(子分部)工程名称		验收部位		
施工单位		项目经理		
分包单位		分包项目经理		
施工执行标准名称及编号				
施工质量验收规范的规定			施工单位检查评定记录	监理(建设)单位验收记录
主控项目	1			
	2			
	3			
	4			
一般项目	1			
	2			
	3			
	4			
	5			
	6			
施工单位检查评定结果		专业工长(施工员)		施工班组长	
	项目专业质量检查员：　　　　　　　　　　　　　　　年　月　日				
监理(建设)单位验收结论	专业监理工程师(建设单位项目专业技术负责人)：　　　　　年　月　日				

任务二　开关、插座安装

班级：_____　姓名：_____　学号：_____　日期：_____　测评成绩：_____

工作任务	开关、插座安装	教学模式	项目教学＋任务驱动
建议学时	2学时	教学地点	多媒体教室＋机房
任务描述	某综合楼建筑电气安装工程即将进入开关、插座安装工程施工阶段，请项目部组织施工员对开关、插座安装工程进行技术交底，并组织质量员及时进行分部分项工程质量检验，确保工程质量。施工图纸详见附录。 1. 请施工员识读施工图纸，编写开关、插座安装施工方案。 2. 请施工员根据工程要求，编制开关、插座安装技术交底文件，填写表3-3。 3. 请质量员按照要求完成开关、插座安装的施工质量验收记录，填写表3-4		
学习目标	1. 能提出开关、插座安装材料要求，做好材料的进场验收； 2. 能选择开关、插座安装主要机具，提前做好施工准备； 3. 能明确开关、插座安装作业条件，做好施工衔接； 4. 能制定开关、插座安装施工工艺，树立良好的安全文明施工意识； 5. 能确定质量标准及质量控制措施，遵守相关法律法规、标准和管理规定； 6. 能进行分部分项工程质量检验，提高语言文字表达能力		
任务实施	施工阶段 ├─ 施工准备 │　├─ 阅读施工图纸 │　├─ 准备常用工具 │　├─ 材料选择与进场验收 │　├─ 编写施工方案 │　├─ 进行技术交底 │　└─ 制定质量控制措施 ├─ 施工过程 │　├─ 注意施工要点 │　├─ 严格按照工艺流程 │　├─ 随工检查 │　└─ 做好成品保护 └─ 质量检验 　　├─ 执行质量检验标准 　　└─ 做好检验记录		

续表

实施要点	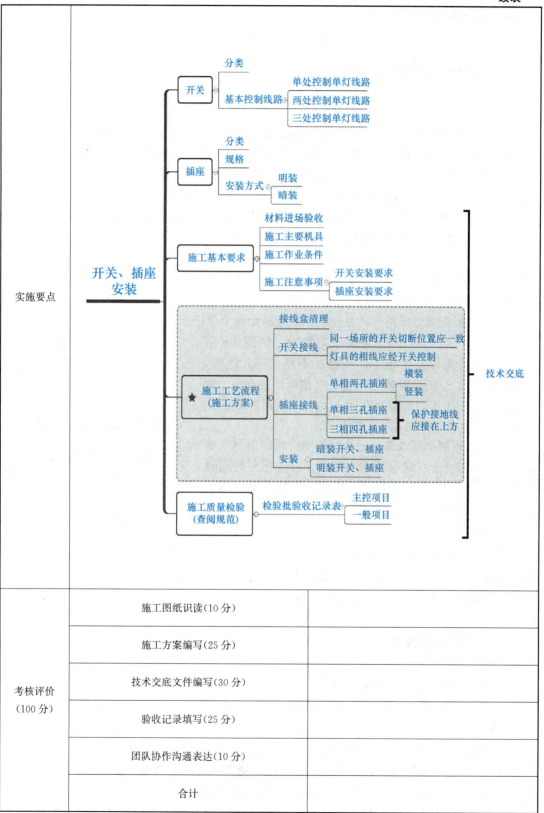		
考核评价 (100分)	施工图纸识读(10分)		
	施工方案编写(25分)		
	技术交底文件编写(30分)		
	验收记录填写(25分)		
	团队协作沟通表达(10分)		
	合计		

知识准备

一、开关、插座基本知识

1. 开关

开关的种类很多，建筑电气开关主要有跷板开关、拉线开关、声光控开关和节能开关等几种。其安装方式有明装和暗装两种。照明开关根据控制方式不同可分为单控开关和双控开关；根据开关面板上开关的个数可分为双联、三联、四联等。

灯开关的基本控制线路有单处控制单灯线路、两处控制单灯线路和三处控制单灯线路。

(1)单处控制单灯线路。单处控制单灯线路由一个单联单控开关组成，可以在一处控制一盏(或一组)灯，如图 3-7 所示。单处控制单灯线路是使用普遍的一种照明控制线路，接线时开关必须连接在相线上，确保开关断开后灯头不带电；零线不进开关，直接接进灯座。

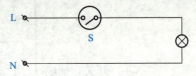

图 3-7 单处控制单灯线路

(2)两处控制单灯线路。两处控制单灯线路由两个单极双控开关组成，可以在两处同时控制一盏(或一组)灯，相互之间没有影响，如图 3-8 所示。在图示开关位置状态下，灯处在不亮状态，此时，无论扳动开关 S_1 还是扳动开关 S_2，灯便可以被点亮。该线路通常用于楼梯间等需要在楼上、楼下同时控制，走廊中的灯需要在走廊两端进行控制等。

(3)三处控制单灯线路。三处控制单灯线路由两个单联双控开关和一个双联双控开关组成，可以在三处同时控制一盏(或一组)灯，如图 3-9 所示。该线路可以用于三跑楼梯或较长走廊的照明控制。

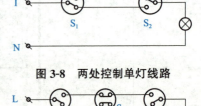

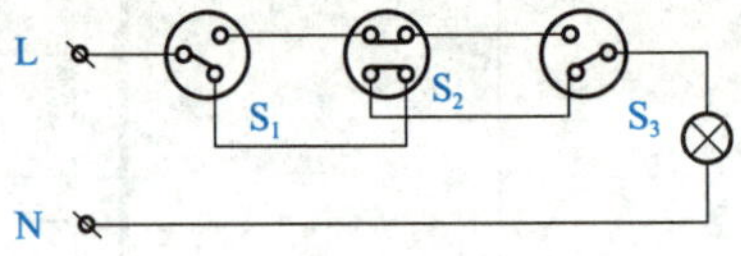

图 3-8 两处控制单灯线路

图 3-9 三处控制单灯线路

2. 插座

插座是各种移动电器的电源接口，插座的分类有单相双孔插座、单相三孔插座、三相四孔插座、防爆插座、地插座、安全插座等。插座的规格有 10 A、16 A、32 A、63 A 等(单相、三相插座相同)。插座的安装可分为明装和暗装两种。

二、施工基本要求

1. 开关、插座的进场验收要求

(1)查验合格证，防爆产品有防爆标志和防爆合格证号，实行安全认证制度的产品有安全认证标志。

(2)外观检查：开关、插座的面板及接线盒盒体完整、无碎裂、零件齐全。

(3)对开关、插座的电气和机械性能进行现场抽样检测。检测规定如下：

1)不同极性带电部件的电气间隙和爬电距离不小于 3 mm；

2)绝缘电阻值不小于 5 MΩ；

3)用自攻锁紧螺钉或自攻螺钉安装的,螺钉与软塑固定件旋合长度不小于 8 mm,软塑固定件在经受 10 次拧紧退出试验后,无松动或掉渣,螺钉及螺纹无损坏现象;

4)金属间相旋合的螺钉螺母,拧紧后完全退出,反复 5 次仍能正常使用。

(4)对开关、插座及其面板等塑料绝缘材料阻燃性能有异议时,按批抽样送有资质的试验室检测。

(5)电线绝缘测试应合格,顶棚和墙面的喷浆、油漆或壁纸等应基本完成,才能安装开关、插座。

2. 开关安装的要求

(1)同一场所开关的切断位置应一致,操作应灵活可靠,接点应接触良好。

(2)开关安装位置应便于操作,各种开关距地面一般为 1.3~1.4 m,距离门框为 0.15~0.2 m。

(3)成排安装的开关高度应一致,高低差不大于 2 mm。

(4)电器、灯具的相线应经开关控制,民用住宅禁止装设床头开关。

(5)跷板开关的盖板应端正严密,紧贴墙面。

(6)在多尘、潮湿场所和户外应用防水拉线开关或加装保护箱。

(7)在易燃、易爆场所,开关一般应装设在其他场所控制,或用防爆型开关。

(8)明装开关应安装在符合规格的圆木或方木上。

3. 插座安装的要求

(1)交直流或不同电压的插座应分别采用不同的形式,并有明显标志,且其插头与插座不能互相插入。

(2)单相电源一般应用单相三极三孔插座,三相电源应用三相四极四孔插座,在室内不导电地面可用两孔或三孔插座,禁止使用等边的圆孔插座。

(3)插座的安装高度应符合下列要求:

1)一般距离地面高度为 0.3 m,在托儿所、幼儿园、住宅及小学等场所不应低于 1.8 m,同一场所安装的插座高度应尽量一致。

2)车间及试验室的明、暗插座一般距离地面高度不低于 0.3 m,特殊场所暗装插座一般不应低于 0.15 m,同一室安装的插座高低差不应大于 5 mm,成排安装的插座不应大于 2 mm。

(4)舞台上的落地插座应有保护盖板。

(5)在特别潮湿及有易燃、易爆气体和粉尘较多的场所,不应装设插座。

(6)明装插座应安装在符合规格的圆木或方木上。

(7)插座的额定容量应与用电负荷相适应。

(8)要严格按照插座的接线原则来接线。

(9)暗装的插座应用专用盒,盖板应端正,紧贴墙面。

三、施工工艺流程

开关、插座安装必须牢固,接线要正确,容量要合适,工艺流程如图 3-10 所示。

1. 清理

用錾子轻轻地将盒子内残存的灰块剔掉,同时,将其他杂物一并清出盒外,再用湿布

图 3-10 开关、插座安装施工工艺流程

将盒内灰尘擦净。

2. 接线

(1)开关接线。

1)同一场所的开关切断位置应一致,且操作灵活,接点接触可靠。

2)灯具的相线应经开关控制。

(2)插座接线。

1)单相两孔插座有横装和竖装两种。横装时,面对插座的右极接相线,左极接中性线;竖装时,面对插座的上极接相线,下极接中性线,如图 3-11 所示。

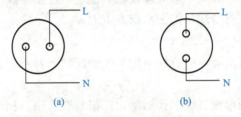

图 3-11 单相两孔插座接线图

(a)横装;(b)竖装

2)单相三孔及三相四孔插座接线示意,如图 3-12 所示,保护接地线注意应连接在上方。

3)交流、直流或不同电压的插座安装在同一场所时,应有尽有明显区别,且其插头与插座配套,均不能互相代用。

4)插座箱多个插座导线连接时,不允许拱头连接,应采用 LC 型压接帽压接总头后,再进行分支线连接。

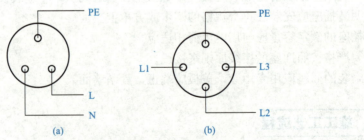

图 3-12 单相三孔及三相四孔插座接线图

(a)单相三孔插座;(b)三相四孔插座

3. 安装

(1)暗装开关、插座：按接线要求，将盒内甩出的导线与开关、插座的面板连接好，将开关或插座推入盒内(如果盒子较深，大于 2.5 cm 时，应加装套盒)，对正盒眼，用机螺钉固定牢固。固定时要使面板端正，并与墙面平齐。

(2)明装开关、插座：首先，将从盒内甩出的导线由塑料(木)台的出线孔中穿出，再将塑料(木)台紧贴于墙面用螺钉固定在盒子或木砖上，如果是明配线，木台上的隐线槽应先顺对导线方向，再用螺钉固定牢固。塑料(木)台固定后，将甩出的线孔中穿出，按接线要求将导线压牢。然后，将开关或插座贴于塑料(木)台上，对中找正，用木螺钉固定牢固。最后，将开关、插座的盖板上好。

工作任务

1. 编写开关、插座安装施工方案。

2. 编写开关、插座安装技术交底记录(表3-3)。

表3-3 技术交底记录

工程名称		交底日期	
施工单位		分项工程名称	
交底提要			
交底内容:			
审核人	交底人		接受交底人

注：1. 本表由施工单位填写，交底单位与接受交底单位各存一份。
　　2. 当做分项工程施工技术交底时，应填写"分项工程名称"栏，其他技术交底可不填写。

3. 填写开关、插座安装检验批质量验收记录(表3-4)。

表3-4 检验批质量验收记录表(GB 50303—2015)

单位(子单位)工程名称				
分部(子分部)工程名称			验收部位	
施工单位			项目经理	
分包单位			分包项目经理	
施工执行标准名称及编号				
	施工质量验收规范的规定		施工单位检查评定记录	监理(建设)单位验收记录
主控项目	1			
	2			
	3			
	4			
一般项目	1			
	2			
	3			
	4			
	5			
	6			
施工单位检查评定结果	专业工长(施工员)		施工班组长	
	项目专业质量检查员：　　　　　　　　　　　　年　月　日			
监理(建设)单位验收结论	专业监理工程师(建设单位项目专业技术负责人)：　　　　　年　月　日			

知识链接

"华龙一号"全球首堆

您也许不知道,如今点亮家中那盏灯的电,可能来自我国首个具有世界先进水平的自主三代核电站——2021年春节前刚投入商业运行的"华龙一号"。2021年3月1日,"华龙一号"全球首堆——福建福清核电5号机组"火力全开",满功率运行发电,当天发电2 700多万度。以每个家庭每天用电10千瓦时计算,可以点亮270万家的灯火。

作为代表国家核心竞争力的国之重器,"华龙一号"核心设备均已实现国产化,我国终于成为继美、法、俄后,真正掌握自主三代核电技术的国家。

如果从1970年我国第一代核潜艇陆上模式堆发出的中国核能第1千瓦时电算起,中国的核电利用已走过50余年。从跟在别人身后的"小学生",到平等的合作伙伴,成千上万的中国核工业人用自己的青春和热血,让这片全新的领域从筚路蓝缕到星光璀璨,青丝变白发间,在核电"万国牌"夹缝中打造出一张崭新的中国名片。

核电是战略高科技产业,是大国必争之地。发展核电是和平时期保持和拥有强大核实力的重要途径。第二次世界大战结束后,世界各国科学家都将更多注意力转向原子能和平利用。1970年11月,周总理对二机部(中核集团前身)负责人风趣地说,二机部不能只搞核爆炸,也要搞核电站。但以我国当时薄弱的经济科技实力,攀登这座科学技术"最高峰"谈何容易。

终于,在1986年,秦山一期30万千瓦级核电机组正式动工,来自我国西北、西南等基地的核工业大军向秦山集结,开始了中国自主核电探索的首次冲锋。

从引进消化吸收国际先进技术到自主研发核心技术,大批中国核电人一直在不懈努力。2015年5月7日,由我国自主研发设计的"华龙一号"全球首堆在福清正式开工,我国自主三代核电突围战进入冲刺阶段。在这场大国重器自主技术的突围战中,每个系统、每个部件为了创新不断挑战的故事,每天都在上演。以核电站电缆安全验证为例,工程人员要让电缆先经过15天模拟高温环境试验,再经过15天强碱性溶液浸泡试验,最后还要历经耐电压性能试验。

2020年11月27日,"华龙一号"全球首堆——中核集团福清核电5号机组首次并网成功,该机组创新采用了"能动和非能动"相结合的安全系统及双层安全壳等技术,在安全性上满足国际最高安全标准要求。作为我国核电走向世界的"国家名片","华龙一号"是当前核电市场上接受度最高的三代核电机型之一,是我国核电创新发展的重大标志性成果。

"华龙一号"创造了全球第三代核电首堆建设的最佳业绩,它的并网发电标志着中国打破了国外核电技术垄断,正式进入核电技术先进国家行列,对我国实现由核电大国向核电强国的跨越具有重要意义,同时也进一步增强了"一带一路"沿线国家对"华龙一号"的信心。

项目四　变配电设备安装

任务一　配电柜安装

班级：_____ 姓名：_____ 学号：_____ 日期：_____ 测评成绩：_____

工作任务	配电柜安装	教学模式	项目教学＋任务驱动
建议学时	4学时	教学地点	多媒体教室＋机房
任务描述	某综合楼建筑电气安装工程即将进入配电柜安装工程施工阶段，请项目部组织施工员对配电柜安装工程进行技术交底，并组织质量员及时进行分部分项工程质量检验，确保工程质量。施工图纸详见附录。 1. 请施工员识读施工图纸，编写配电柜安装施工方案。 2. 请施工员根据工程要求，编制配电柜安装技术交底文件，填写表4-2。 3. 请技术员做好配电柜安装的隐蔽记录，填写表4-3。 4. 请质量员按照要求完成配电柜安装的施工质量验收记录，填写表4-4		
学习目标	1. 能提出配电柜安装材料要求，做好材料的进场验收； 2. 能选择配电柜安装主要机具，提前做好施工准备； 3. 能明确配电柜安装作业条件，做好施工衔接； 4. 能制定配电柜安装施工工艺，树立良好的安全文明施工意识； 5. 能确定质量标准及质量控制措施，遵守相关法律法规、标准和管理规定； 6. 能进行隐蔽工程和分部分项工程质量检验，提高语言文字表达能力		
任务实施	施工阶段 ├─施工准备 │　├─阅读施工图纸 │　├─准备常用工具 │　├─材料选择与进场验收 │　├─编写施工方案 │　├─进行技术交底 │　└─制定质量控制措施 ├─施工过程 │　├─注意施工要点 │　├─严格按照工艺流程 │　├─随工检查 │　└─做好成品保护 └─质量检验 　　├─执行质量检验标准 　　└─做好检验记录		

续表

实施要点	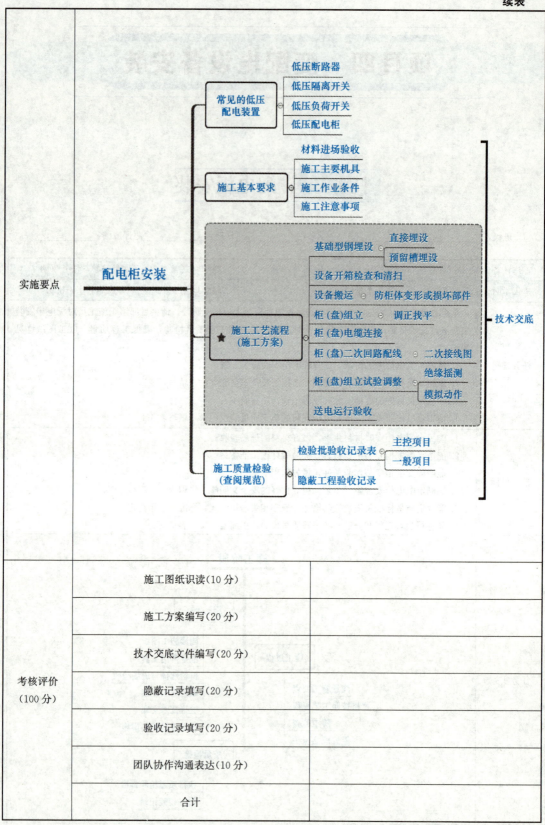		
考核评价 (100分)	施工图纸识读(10分)		
	施工方案编写(20分)		
	技术交底文件编写(20分)		
	隐蔽记录填写(20分)		
	验收记录填写(20分)		
	团队协作沟通表达(10分)		
	合计		

知识准备

一、常见的低压配电装置

低压配电装置主要包括低压断路器、低压隔离开关、低压负荷开关、低压配电柜等。下面简要介绍几种常见的低压配电装置。

1. 低压断路器（也称自动开关和自动空气开关）

低压断路器具有良好的灭弧能力，用于正常情况下接通或断开负荷电路。因其结构内安装有电磁脱扣（跳闸）及热脱扣装置，能在短路故障时通过电磁脱扣自动切断短路电流，还能在负荷电流过大、时间稍长时通过热脱扣自动切断过负荷（过负载）电流，使电路中的导线及电气设备不会因为电流过大（温升过高）而损坏。

小型断路器在民用建筑中已经取代了传统的闸刀开关加熔断器，广泛地应用在用户终端配电箱中。常用的低压断路器有塑料外壳式 DZ 系列、框架式（万能式）DW 系列、小型的有 C45、C45 N 系列、ME 系列、AH 系列等。

2. 低压隔离开关（也称刀开关）

由于外面没有任何保护，主要用在配电柜（屏）或配电箱中起隔离作用。按操作方式可分为单投和双投；按其极数可分为单极、双极和三极；按其灭弧结构可分为不带灭弧罩和带灭弧罩。常用型号有 HD（单投）、HS（双投）、HR（熔断器式刀开关）。

3. 低压负荷开关

低压负荷开关有开启式（胶盖闸刀开关）和封闭式（铁壳开关）两种。内部可以安装保险丝或熔断器。胶盖闸刀开关目前常用于临时线路的电源开关。

4. 低压配电柜

低压配电柜（低压配电屏、低压开关柜）是按照一定的接线方案将有关的一次、二次设备组装而成的一种低压成套配电装置。其主要用于低压电力系统，用作动力及照明配电。按断路器是否可以抽出，可分为固定式、抽出式两种类型。

在建筑电气设备安装工程中，通常不做单个电器的安装，整个系统中的低压电器均由专业生产厂家成套安装在配电柜内，已事先安装完成，在施工现场进行配电柜的整体安装。配电柜整体安装在地面上事先做好的型钢基础上（图 4-1），在型钢基础下面是电缆沟。

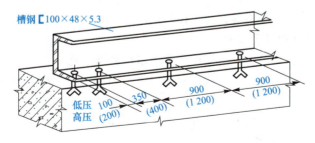

图 4-1 配电柜基础安装

二、施工基本要求

(1)高压成套配电柜、蓄电池柜、UPS柜、EPS柜、低压成套配电柜(箱)、控制柜(台、箱)的进场验收应符合下列规定:

1)查验合格证和随带技术文件,高压和低压成套配电柜、蓄电池柜、UPS柜、EPS柜等成套柜应有出厂试验报告;

2)核对产品型号、产品技术参数,应符合设计要求;

3)外观检查:设备应有铭牌,表面涂层应完整、无明显碰撞凹陷。设备内元器件应完好无损、接线无脱落脱焊,绝缘导线的材质、规格应符合设计要求,蓄电池柜内电池壳体应无碎裂、翻液,充油、充气设备应无泄漏。

(2)型钢和电焊条的进场验收应符合下列规定:

1)查验合格证和材质证明书,有异议时应按批抽样送有资质的试验室检测;

2)外观检查:型钢表面应无严重锈蚀,过度扭曲、弯折变形;电焊条包装应完整,拆包检查焊条尾部应无锈斑。

(3)成套配电柜、控制柜(台、箱)和配电箱(盘)的安装应符合下列规定:

1)成套配电柜(台)、控制柜安装前,室内顶棚、墙体的装饰工程应完成施工,无渗漏水,室内地面的找平层应完成施工,基础型钢和柜、台、箱下的电缆沟等经检查应合格,落地式柜、台、箱的基础及埋入基础的导管应验收合格;

2)墙面上明装的配电箱(盘)安装前,室内顶棚、墙体、装饰面应完成施工,暗装的控制(配电)箱的预留孔和动力、照明配线的线盒及导管等经检查应合格;

3)电源线连接前,应确认电涌保护器(SPD)型号、性能参数符合设计要求,接地线与PE排连接可靠;

4)试运行前,柜、台、箱、盘内PE排应完成连接,柜、台、箱、盘内的元件规格、型号应符合设计要求,接线应正确且交接试验合格。

(4)盘、柜等在搬运和安装时应采取防振、防潮、防止柜架变形和漆面受损等安全措施,必要时可将装置性设备和易损元件拆下单独包装运输。

(5)设备安装前建筑工程应具备下列条件:屋顶、楼板施工完毕,不得渗漏;结束室内地面工作,室内沟道无积水、杂物;预埋件及预留孔符合设计要求,预埋件应牢固;门窗安装完毕;进行装饰工作时可能损坏已安装设备或设备安装后不能再进行施工的装饰工作全部结束。

(6)基础型钢安装后,其顶部宜高出抹平地面10 mm;手车式成套柜按产品技术要求执行。基础型钢应有明显的可靠接地。

(7)盘、柜安装在振动场所,应按设计要求采取防振措施。

(8)盘、柜及盘、柜内设备与各构件间连接应牢固。主控制盘、继电保护盘和自动装置盘等不宜与基础型钢焊死。

(9)盘、柜单独或成列安装时,其垂直度、水平偏差及盘、柜面偏差和盘、柜间接缝的允许偏差应符合表4-1的要求。

表 4-1 盘、柜安装的允许偏差

项目		允许偏差/mm
垂直度（每米）		<1.5
水平偏差	相邻两盘顶部	<2
	成列盘顶部	<5
盘面偏差	相邻两盘边	<1
	成列盘面	<5
盘间接缝		<2

(10)端子箱安装应牢固，封闭良好，并应能防潮、防尘。安装的位置应便于检查；成列安装时，应排列整齐。

(11)盘、柜的漆层应完整，无损伤。固定电器的支架等应刷漆。安装于同一室内且经常监视的盘、柜，其盘面颜色宜和谐、一致。

(12)二次回路接线应符合下列要求：

1)按图施工，接线正确；

2)导线与电气元件间采用螺栓连接、插接、焊接或压接等，均应牢固、可靠；

3)盘、柜内的导线不应有接头，导线芯线应无损伤；

4)电缆芯线和所配导线的端部均应标明其回路编号，编号应正确，字迹清晰且不易脱色；

5)配线应整齐、清晰、美观，导线绝缘应良好，无损伤；

6)每个接线端子的每侧接线宜为1根，不得超过两根。对于插接式端子，不同截面的两个导线不得接在同一端子上；对于螺栓连接端子，当接两根导线时，中间应加平垫片；

7)二次回路接地应设专用螺栓。

(13)盘、柜内的配线电流回路应采用耐压不低于500 V的铜芯绝缘导线，其截面面积不应小于 2.5 mm^2；其他回路截面面积不应小于 1.5 mm^2；对于电子元件回路、弱电回路采用锡焊连接时，在满足载流量和电压降及有足够机械强度的情况下，可采用不小于 0.5 mm^2 截面面积的绝缘导线。

(14)配电柜内的母线，其相线用颜色标出，L1 相用黄色，L2 相用绿色，L3 相用红色，中性线 N 宜用蓝色，保护地线（PE线）用黄绿相间双色，如图 4-2 所示。

(15)在验收时，应提交下列资料和文件：工程竣工图；变更设计的证明文件；制造厂提供的产品说明书、调试大纲、试验方法、试验记录、合格证件及安装图纸等技术文件；根据合同提供的备品备件清单；安装技术记录；调整试验记录。

图 4-2 配线柜内母线布置

三、施工工艺流程

各种盘、柜、屏是变配电装置中的重要设备(图 4-3),其安装工艺流程如图 4-4 所示。

图 4-3 配电柜

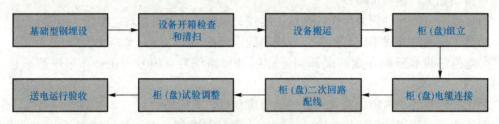

图 4-4 配电柜安装工艺流程

1. 基础型钢埋设

各种盘、柜、屏的安装通常以角钢或槽钢作基础落地安装,如图 4-5 所示。型钢的埋设方法一般有下列两种:

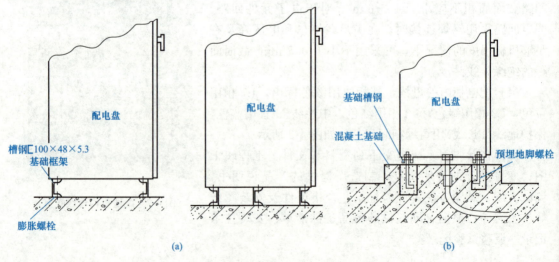

图 4-5 配电柜(盘)落地安装方法
(a)槽钢基础安装方法;(b)混凝土基础安装方法

(1) 直接埋设法。直接埋设法是在土建打混凝土时，直接将基础槽钢埋设好。首先将10号或8号槽钢调直、除锈，并在有槽的一面预埋好钢筋钩，按图纸要求的位置和标高在土建打混凝土时放置好。在打混凝土前应找平、找正。找平的方法是用钢水平尺调好水平，并应使两根槽钢处在同一水平面上且平行；找正则是按图纸要求的尺寸反复测量，确认准确后将钢筋头焊接在槽钢上。

(2) 预留槽埋设法。预留槽埋没法是随土建施工时预先埋设固定基础槽钢的地脚螺栓，待地脚螺栓达到安装强度后，基础槽钢用螺母固定在地脚螺栓上。基础槽钢安装如图4-6所示。槽钢顶部宜高出室内抹光地面10 mm，安装手车式开关柜时，槽钢顶部应与抹光地面一致。

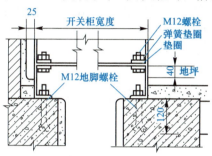

图 4-6　基础型钢安装

配电装置的基础型钢应做良好接地，一般采用扁钢将其与接地网焊接，且接地不应少于两处，一般在基础型钢两端各焊一扁钢与接地网相连。基础型钢露出地面的部分应刷一层防锈漆。

2. 设备开箱检查和清扫

盘、柜运到施工现场后，施工单位、供货单位和监理单位应共同进行开箱检查和清扫，应查清并核对下列内容：

(1) 规格、型号是否与设计图纸相符，通过检查，临时在柜（盘）上标明盘柜名称、安装编号和安装位置；

(2) 检查柜（盘）上零件、备品、文件资料是否齐全；

(3) 检查有无因受潮而引起的损坏和缺陷，并及时填写开箱单，受潮的部件应进行干燥；

(4) 用电吹风将盘柜内灰尘吹扫干净，仪表和继电器应送交试验部门进行检验和调校，配电柜安装固定完毕后再装回。

3. 设备搬运

设备搬运之前，道路要事先清理，保证平整、畅通。设备的搬运由起重工作业，电工配合。根据设备质量、距离长短，采用人力推车运输或卷扬机、滚杠运输，也可采用汽车式起重机配合运输。采用人力车搬运，注意保护配电柜外表油漆，配电柜指示灯不受损。采用汽车运输时，必须用麻绳将设备与车身固定，开车要平稳，以防撞击损坏配电柜。设备调运时，柜（盘）顶部有吊环者，吊索应穿在吊环内，无吊环者吊索应挂在主要承力结构处，不得将吊索吊在设备部位上。吊索的绳长应一致，以防柜体变形或损坏部件。

4. 柜（盘）组立

按设计要求用人力将盘或柜搬放在安装位置上。当柜较少时，先从一端精确地调整好第一个柜,再以第一个柜为标准依次调整其他各柜,使柜面一致、排列整齐、间隙均匀。当柜较多时,宜先安装中间一台,再调整安装两侧其余柜。调整时,可在柜的下面加垫铁(同一处不宜超过3块),直到满足要求即可进行固定。安装在振动场所的配电柜,应采取防振措施,一般在柜下加装厚度约为 10 mm 的弹性垫。

配电柜的固定多用螺栓或通过焊接固定。若采用焊接固定,每台柜的焊缝不应少于 4 处,每处焊缝长度约为 100 mm。为保持柜面美观,焊缝宜放在柜体的内侧。焊接时,应把垫于柜下的垫铁也焊接在基础型钢上。主控制盘、自动装置盘、继电保护盘不宜与基础型钢焊死,以便迁移。

柜(盘)的找平可用水平尺测量,垂直找正可用磁力线坠吊线法或用水平尺的立面进行测量。如果不平或不正,可加垫铁进行调整。调整时既要考虑单台盘柜的误差,又要照顾到整排盘柜的误差。

5. 柜(盘)电缆连接

配电柜(盘)电缆进线采用电缆沟下进线时,须加电缆固定支架。

6. 柜(盘)二次回路配线

二次回路安装是依据二次接线图进行的。二次接线图有原理接线图、展开接线图和屏背面接线图三种。二次接线的安装从读图开始,只有把图纸读懂弄通,并有一定的理论基础才能较好地进行安装工作。

按原理图逐台检查柜(盘)上的全部电器元件是否相符,其额定电压和控制、操作电源电压必须一致。按图敷设柜与柜之间的控制电缆连接线。控制线校线后,将每根芯线撅成圆圈,用镀锌螺钉、眼圈、弹簧垫连接在每个端子板上。端子板每侧一般一个端子压一根线,最多不能超过两根,并且两根线间加眼圈。多股线应涮锡,不准有断股。

7. 柜(盘)试验调整

所有接线端子螺钉再紧固一遍,用 500～1 000 V 绝缘电阻摇表在端子板处测试每回路的绝缘电阻,保证大于 10 MΩ。将配电柜内控制、操作电源回路的熔断器上端相线拆下,接上临时电。按图纸要求,分别模拟控制、连锁、操作、继电器保护动作正确无误、灵敏可靠。拆除临时电源,将被拆除的电源线复位。

8. 送电运行验收

(1)送电前准备。备齐试验合格的验电器、绝缘靴、绝缘手套、临时接地编织线、绝缘胶垫、干粉灭火器等。彻底清扫全部设备及清理配电室内的灰尘、杂物,室内除送电需用的设备用具外,其他物品不得堆放。检查柜、箱内外上下是否有遗留的工具、金属材料及其他杂物。做好试运行组织工作,明确试运行指挥者、操作者、监护人。安装作业全部完毕、质量检查部门检查全部合格。试验项目全部合格,并有试验报告单。继电保护动作灵敏可靠,控制、连锁、信号等动作准确无误。箱、柜内所有漏电元器件均应做模拟漏电试验,全部合格并做记录。

(2)送电。将电源送至室内,经验电、校相无误。对各路电缆摇测合格后,检查受电柜总开关处于"断开"位置,再进行送电,开关试送 3 次,检查受电柜三相电压是否正常。

(3)验收。送电空载 24 h 无异常现象,办理验收手续,收集好产品合格证、说明书、试验报告。

工作任务

1. 编写配电柜安装施工方案。

2. 编写配电柜安装技术交底记录(表 4-2)。

表 4-2 技术交底记录

工程名称		交底日期	
施工单位		分项工程名称	
交底提要			

交底内容：

审核人		交底人		接受交底人	

注：1. 本表由施工单位填写，交底单位与接受交底单位各存一份。
　　2. 当做分项工程施工技术交底时，应填写"分项工程名称"栏，其他技术交底可不填写。

3. 填写配电柜安装隐蔽工程验收记录(表 4-3)。

表 4-3 隐蔽工程验收记录表

工程名称			分项工程名称			
施工单位			专业工长		项目经理	
分包单位			分包项目经理		施工班长	
建设单位			监理单位			
设计图号		隐蔽部位		隐蔽物名称		

隐蔽内容及草图:

施工单位检查意见:
单位工程专业技术负责人:　　　　　　　　　　　　　　　　　　　　　　年　月　日

监理单位检查意见:
专业监理工程师:　　　　　　　　　　　　　　　　　　　　　　　　　年　月　日

4. 填写配电柜安装检验批质量验收记录(表 4-4)。

表 4-4　检验批质量验收记录表(GB 50303—2015)

单位(子单位)工程名称					
分部(子分部)工程名称			验收部位		
施工单位			项目经理		
分包单位			分包项目经理		
施工执行标准名称及编号					
	施工质量验收规范的规定		施工单位检查评定记录		监理(建设)单位验收记录
主控项目	1				
	2				
	3				
	4				
一般项目	1				
	2				
	3				
	4				
	5				
	6				
施工单位检查评定结果	专业工长(施工员)			施工班组长	
	项目专业质量检查员：　　　　　　　　　　　　　　　年　月　日				
监理(建设)单位验收结论	专业监理工程师(建设单位项目专业技术负责人)：　　　　年　月　日				

任务二　　配电箱安装

班级：_____　姓名：_____　学号：_____　日期：_____　测评成绩：_____

工作任务	配电箱安装	教学模式	项目教学＋任务驱动
建议学时	2学时	教学地点	多媒体教室＋机房
任务描述	某综合楼建筑电气安装工程即将进入配电箱安装工程施工阶段，请项目部组织施工员对配电箱安装工程进行技术交底，并组织质量员及时进行分部分项工程质量检验，确保工程质量。施工图纸详见附录。 1. 请施工员识读施工图纸，编写配电箱安装施工方案。 2. 请施工员根据工程要求，编制配电箱安装技术交底文件，填写表4-5。 3. 请技术员做好配电箱安装的隐蔽记录，填写表4-6。 4. 请质量员按照要求完成配电箱安装的施工质量验收记录，填写表4-7		
学习目标	1. 能提出配电箱安装材料要求，做好材料的进场验收； 2. 能选择配电箱安装主要机具，提前做好施工准备； 3. 能明确配电箱安装作业条件，做好施工衔接； 4. 能制定配电箱安装施工工艺，树立良好的安全文明施工意识； 5. 能确定质量标准及质量控制措施，遵守相关法律法规、标准和管理规定； 6. 能进行隐蔽工程和分部分项工程质量检验，提高语言文字表达能力		
任务实施	施工阶段 ├─ 施工准备 │　├─ 阅读施工图纸 │　├─ 准备常用工具 │　├─ 材料选择与进场验收 │　├─ 编写施工方案 │　├─ 进行技术交底 │　└─ 制定质量控制措施 ├─ 施工过程 │　├─ 注意施工要点 │　├─ 严格按照工艺流程 │　├─ 随工检查 │　└─ 做好成品保护 └─ 质量检验 　　├─ 执行质量检验标准 　　└─ 做好检验记录		

续表

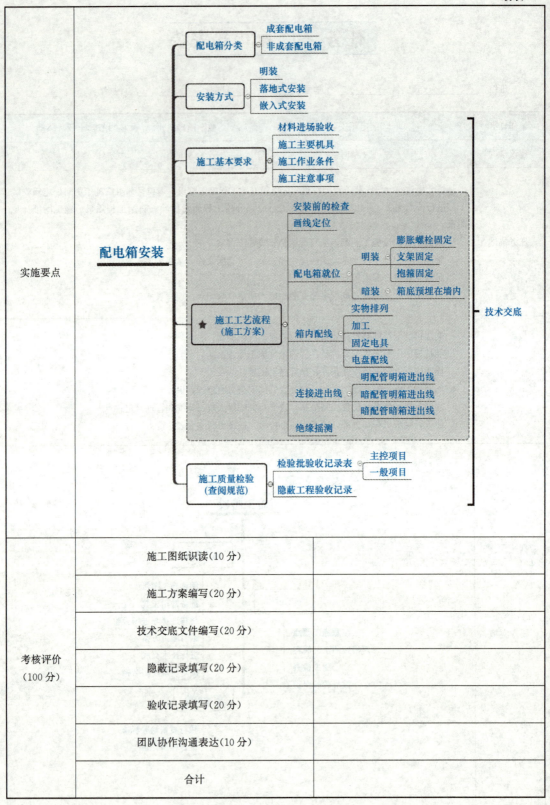

知识准备

一、配电箱的分类

配电箱按照是否现场制作，可分为成套配电箱和非成套配电箱两种。其中，成套配电箱在工厂加工制作完成，已安装各种开关、表计等设备；非成套配电箱在现场制作完成，需要现场安装各种开关设备，进行盘柜配线。目前，绝大多数工程采用成套配电箱安装。配电箱安装方式有明装、落地式安装和悬挂嵌入式暗装三种。落地式配电箱安装时需要先制作安装槽钢或角钢基础，同配电柜的安装方法。

二、施工基本要求

配电箱安装的施工要求参见配电柜安装的施工要求，相同之处在此不再赘述。

(1) 配电箱不应采用可燃材料制作，在干燥，无尘场所采用的木制配电箱(板)应做阻燃处理。

(2) 配电箱安装时，其底口距地一般为 1.5 m；明装时底口距地为 1.2 m；明装电能表板底口距地不得小于 1.8 m。

(3) 配电箱内的交流、直流或不同电压等级的电源，应具有明显的标志。

(4) 配电箱内，应分别设置中性线 N 和保护地线(PE 线)汇流排，中性线 N 和保护地线应在汇流排上连接，不得绞接并应有编号。

(5) 配电箱内装设的螺旋熔断器的电源线应接在中间触点的端子上，负荷线应接在螺纹的端子上。

(6) 配电箱上的电源指示灯，其电源应接至总开关的外侧，并应装单独熔断器(电源侧)。盘面闸具位置与支路相对应，其下面应装设卡片框，标明路别及容量。

三、施工工艺流程

配电箱的安装工艺流程如图 4-7 所示。

1. 配电箱安装前的检查

一般工程中，配电箱的数量较多，品种也繁多，所以在安装前，一定要核对图纸确定配电箱型号，并检查配电箱内部器件的完好情况，明确安装的形式，进出线的位置，接地的方式等。

2. 画线定位

根据设计要求找出配电箱位置，并按照配电箱的外形尺寸进行画线定位。画线定位的目的是对有预埋木砖或铁件的情况，可以更准确地找出预埋件，或者可以找出金属胀管螺栓的位置。

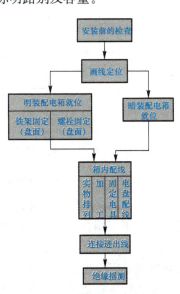

图 4-7 配电箱的安装工艺流程图

3. 配电箱安装

配电箱有明装和暗装两种。明装配电箱时，土建装修的抹灰、喷浆及油漆应全部完成。

(1)膨胀螺栓固定配电箱。小型配电箱可直接固定在墙上。按配电箱的固定螺孔位置，常用电钻或冲击钻在墙上钻孔，且孔洞应平直、不得歪斜。根据箱体质量选择塑料膨胀螺栓或金属膨胀螺栓的数量和规格。螺栓长度应为埋设深度(一般为 120～150 mm)加箱壁厚度及螺栓和垫圈的厚度，再加上 3～5 扣螺纹的余量长度。也可用预埋木砖，用木螺钉固定配电箱。安装示意如图 4-8 所示。

(2)中大型配电箱可采用铁支架，铁支架可采用角钢和圆钢制作。安装前，应先将支架加工好，并将埋注端做成燕尾，然后除锈，刷防锈漆。再按照标高用水泥砂浆将铁架燕尾端埋注牢固，待水泥砂浆凝固后方可进行配电箱的安装。在柱子上安装时，可用抱箍固定配电箱。安装如图 4-9 所示。

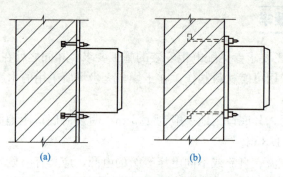

图 4-8 悬挂式配电箱安装
(a)墙上胀管螺栓安装；(b)墙上螺栓安装

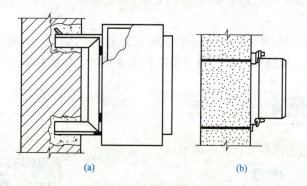

图 4-9 支架固定配电箱
(a)用支架固定；(b)用抱箍固定铁架固定配电箱

暗装配电箱时，按设计指定位置，在土建砌墙时先去掉盘芯，配电箱箱底预埋在墙内。然后用水泥砂浆填实周边并抹平，如箱背与外墙平齐时，应在外墙固定金属网后再做墙面抹灰。不得在箱背板上抹灰，如图 4-10 所示。预埋前应需要砸下敲落孔压片。配电箱宽度超过 300 mm 时，应考虑加过梁，避免安装后箱体变形。应根据箱体的结构形式和墙面装饰厚度来确定突出墙面的尺寸。预埋时应做好线管与箱体的连接固定，线管露出长度应适中。安装配电箱盘芯，应在土建装修的抹灰、喷浆及油漆工作全部完成后进行。

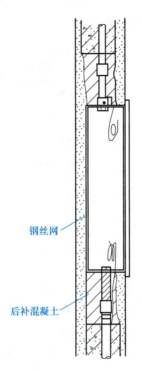

图 4-10　配电箱暗装方法

当墙壁的厚度不能满足嵌入式要求时，可采用半嵌入式安装，使配电箱的箱体一半在墙面外，一半嵌入墙内，其安装方法与嵌入式相同。

4. 箱内配线

箱内配线主要包括实物排列、加工、固定电具和电盘配线。

（1）实物排列。将盘面板放平，再将全部电具、仪表置于其上，进行实物排列。对照设计图及电具、仪表的规格和数量，选择最佳位置使其符合间距要求，并保证操作维修方便及外形美观。

（2）加工。位置确定后，用方尺找正，画出水平线，分均孔距。然后，撤去电具、仪表，进行钻孔（孔径应与绝缘嘴吻合）。钻孔后除锈，刷防锈漆及灰油漆。

（3）固定电具。油漆干后装上绝缘嘴，并将全部电具、仪表摆平、找正，用螺钉固定牢固。

（4）电盘配线。根据电具、仪表的规格、容量和位置，选好导线的截面和长度，加以剪断进行组配。盘后导线应排列整齐，绑扎成束。压头时，将导线留出适当余量，削出线芯，逐个压牢。需要注意的是，多股线需用压线端子。

5. 连接进出线

配电箱的进出线有三种形式：第一种是明配管明箱进出线形式，如图 4-11 所示；第二种是暗配管明箱进出线形式，如图 4-12 所示；第三种是暗配管暗箱进出线形式，如图 4-13 所示。

6. 绝缘摇测

配电箱全部电器安装完毕后，用 500 V 兆欧表对线路进行绝缘摇测。摇测项目包括相线与相线之间，相线与中性线之间，相线与保护地线之间，中性线与保护地线之间。两人进行摇测，同时做好记录，作为技术资料存档。

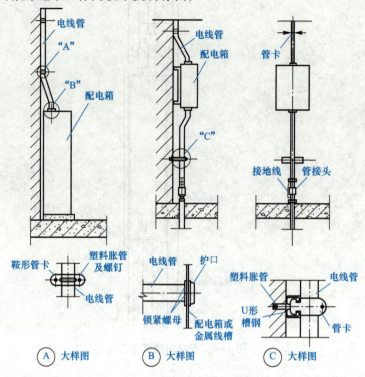

图 4-11 明配管明箱进出线做法

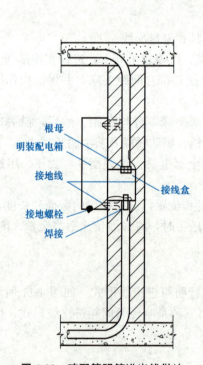

图 4-12 暗配管明箱进出线做法

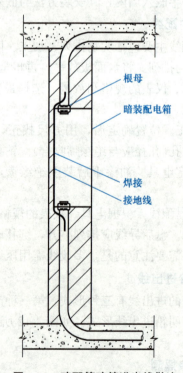

图 4-13 暗配管暗箱进出线做法

工作任务

1. 编写配电箱安装施工方案。

2. 编写配电箱安装技术交底记录(表4-5)。

表 4-5 技术交底记录

工程名称		交底日期	
施工单位		分项工程名称	
交底提要			|参照表
交底内容：			
审核人		交底人		接受交底人	

注：1. 本表由施工单位填写，交底单位与接受交底单位各存一份。
　　2. 当做分项工程施工技术交底时，应填写"分项工程名称"栏，其他技术交底可不填写。

3. 填写配电箱安装隐蔽工程验收记录(表4-6)。

表4-6 隐蔽工程验收记录表

工程名称			分项工程名称			
施工单位			专业工长		项目经理	
分包单位			分包项目经理		施工班长	
建设单位			监理单位			
设计图号		隐蔽部位		隐蔽物名称		
隐蔽内容及草图:						
施工单位检查意见: 单位工程专业技术负责人: 年 月 日						
监理单位检查意见: 专业监理工程师: 年 月 日						

4. 填写配电箱安装检验批质量验收记录(表4-7)。

表4-7 检验批质量验收记录表(GB 50303—2015)

单位(子单位)工程名称				
分部(子分部)工程名称			验收部位	
施工单位			项目经理	
分包单位			分包项目经理	
施工执行标准名称及编号				
施工质量验收规范的规定			施工单位检查评定记录	监理(建设)单位验收记录
主控项目	1			
	2			
	3			
	4			
一般项目	1			
	2			
	3			
	4			
	5			
	6			
施工单位检查评定结果	专业工长(施工员)		施工班组长	
	项目专业质量检查员：			年 月 日
监理(建设)单位验收结论				
	专业监理工程师(建设单位项目专业技术负责人)：			年 月 日

长江三峡工程

在我国古代，云梦泽一直是滞蓄长江洪水的天然场所。云梦泽消亡后，洞庭湖替代云梦泽成为又一个滞蓄长江洪水的天然场所。因此，当时长江中下游"洪水过程不明显，江患甚少"。但随着泥沙的不断淤积，洞庭湖的水面面积和容积日渐萎缩，使其滞蓄长江洪水的能力大大削弱，导致洪灾连年不断，损失巨大。如何解决这个矛盾？早在20世纪初，孙中山先生就提出了开发三峡的设想，成为中华民族的百年"梦想"。

现在人们所看到的长江三峡工程就是通过大量的勘探、测量与科研，寻找了几十年，论证了几十年，经过三个阶段，耗时17年修建而成的。修建三峡工程的最初目的是防洪，但它的成功建设，不仅是中华民族治水史上的创举，还推动了我国水电技术走向世界，成为中国一张新"名片"，促使世界水利水电技术升级换代。

三峡工程的主要技术突破有以下几点：

（1）大功率水电设备制造技术。三峡工程开工之际，我国只能制造30万至40万千瓦水轮发电机组。通过三峡工程建设，我国完全掌握了70万千瓦大型机组的设计、制造和安装核心技术。截至2014年，全球前10大水电站，我国有5座；全球已建、在建的127台70万千瓦以上的发电机组中，我国拥有86台。

（2）规模最大、技术最为先进的特高压输变电技术。由于三峡输变电工程的建成，促成了全国电网互联，大大提高了我国驾驭大电网的能力和水平。完全掌握了超高压50万伏直流输电工程设计和关键设备制造技术，培养了大量专业人才，积累了先进管理经验。我国输变电工程建设和设备制造技术整体实现跨越式升级。

（3）编制水利水电工程新标准。为确保三峡工程质量达到世界一流水平，专门编制了三峡工程标准，并形成了高于现行标准的"三峡工程质量标准"110多项。树立了水电建设的"三峡品牌"，提升了水电工程的技术标准。另外，还锻炼了我国水电建设队伍，在促进我国水电建设企业"走出去"的同时，也输出了"三峡标准"，为世界水电建设水平的提升做出了积极贡献。

三峡工程充分体现了社会主义制度的优越性，为民之举靠人民。同时，三峡工程建设者弘扬爱国主义精神，用信仰和忠诚实践着全国人民的期盼，是以爱国主义为核心的中华民族精神的传承与发扬，是以改革创新为核心的时代精神的创新发展，是社会主义核心价值观的生动体现。

项目五　防雷接地工程

任务一　防雷装置安装

班级：_____　姓名：_____　学号：_____　日期：_____　测评成绩：_____

工作任务	防雷装置安装	教学模式	项目教学＋任务驱动
建议学时	6学时	教学地点	多媒体教室＋机房
任务描述	某综合楼建筑电气安装工程即将进入防雷装置安装施工阶段，请项目部组织施工员对防雷装置安装进行技术交底，并组织质量员及时进行分部分项工程质量检验，确保工程质量。施工图纸详见附录。 1. 请施工员识读施工图纸，编写防雷装置安装施工方案。 2. 请施工员根据工程要求，编制防雷装置安装技术交底文件，填写表5-3。 3. 请技术员做好防雷装置安装的隐蔽记录，填写表5-4。 4. 请质量员按照要求完成防雷装置安装的施工质量验收记录，填写表5-5		
学习目标	1. 能提出防雷装置安装材料要求，做好材料的进场验收； 2. 能选择防雷装置安装主要机具，提前做好施工准备； 3. 能明确防雷装置安装作业条件，做好施工衔接； 4. 能制定防雷装置安装施工工艺，树立良好的安全文明施工意识； 5. 能确定质量标准及质量控制措施，遵守相关法律法规、标准和管理规定； 6. 能进行隐蔽工程和分部分项工程质量检验，提高语言文字表达能力		
任务实施	施工阶段 ├─ 施工准备 │　　├─ 阅读施工图纸 │　　├─ 准备常用工具 │　　├─ 材料选择与进场验收 │　　├─ 编写施工方案 │　　├─ 进行技术交底 │　　└─ 制定质量控制措施 ├─ 施工过程 │　　├─ 注意施工要点 │　　├─ 严格按照工艺流程 │　　├─ 随工检查 │　　└─ 做好成品保护 └─ 质量检验 　　　├─ 执行质量检验标准 　　　└─ 做好检验记录		

续表

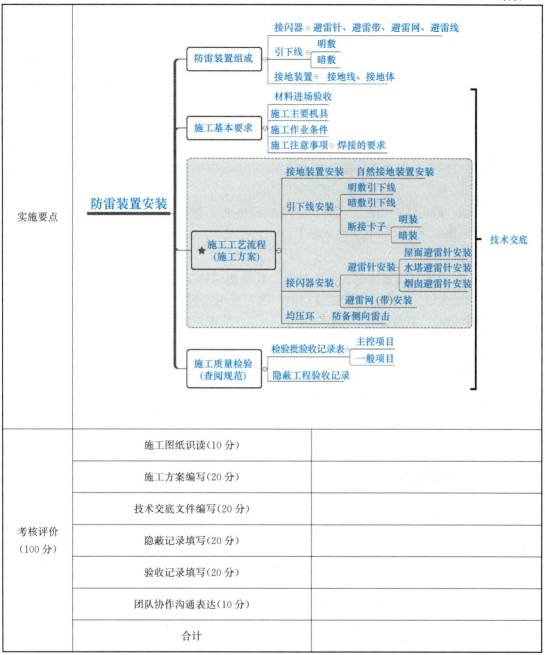

考核评价 (100分)	施工图纸识读(10分)	
	施工方案编写(20分)	
	技术交底文件编写(20分)	
	隐蔽记录填写(20分)	
	验收记录填写(20分)	
	团队协作沟通表达(10分)	
	合计	

知识准备

一、防雷装置

防雷装置的作用是将雷击电荷或建筑物感应电荷迅速引入大地,以保护建筑物、电气设备及人身不受损害。完整的避雷装置都是由接闪器、引下线和接地装置三部分组成的。

1. 接闪器

接闪器是用来接受雷击电流的装置。根据被保护物形状不同，接闪器的形状有针、网、带、线、环等不同形状。

(1)避雷针。避雷针适用保护细高建筑物或构筑物，如烟囱、水塔、孤立的建筑物等。一般采用直径不小于 20 mm、长为 1~2 m 的圆钢，或采用直径不小于 25 mm 的镀锌金属管制成，在顶端砸尖，以利于尖端放电。

(2)避雷带和避雷网。避雷带就是用小截面圆钢或扁钢安装于建筑物易遭雷击的部位，如屋脊、屋檐、屋角、女儿墙和山墙等条形长带；避雷网相当于纵横交错的避雷带叠加在一起，形成多个网孔。避雷带和避雷网可以采用圆钢或扁钢，圆钢直径不应小于 8 mm；扁钢截面面积不应小于 48 mm^2，其厚度不得小于 4 mm。

(3)避雷线。避雷线适用长距离高压供电线路的防雷保护。一般采用截面面积不小于 35 mm^2 的镀锌钢绞线，架设在架空线之上。

2. 引下线

引下线是接闪器与接地体之间的连接线。其将接闪器上的雷电流安全地引入接地体，使其尽快地泄入大地。一般采用圆钢或扁钢，优先采用圆钢。采用圆钢时，直径不应小于 8 mm；采用扁钢时，其截面面积不应小于 48 mm^2，厚度不应小于 4 mm。对于钢筋混凝土建筑，可利用柱内主筋做引下线。引下线的敷设方式可分为明敷和暗敷两种。

3. 接地装置

接地装置包括接地线和接地体，是防雷装置的重要组成部分。接地装置向大地均匀泄放雷电流，使防雷装置对地电压不至于过高。接地装置可用扁钢、圆钢、角钢、钢管等钢材制成。

二、施工基本要求

(1)接闪器安装前，应先完成接地装置和引下线的施工，接闪器安装后应及时与引下线连接。

(2)建筑物顶部的避雷针、避雷带等必须与顶部外露的其他金属物连成一个整体的电气通路，且与避雷引下线连接可靠。

1)避雷针(带)与引下线之间的连接应采用焊接，如图 5-1 所示。

2)避雷针(带)的引下线及接地装置使用的紧固件均应使用镀锌制品。当采用没有镀锌的地脚螺栓时，应采取防腐措施。

3)建筑物上的防雷设施采用多根引下线时，宜在各引下线距地面的 1.5~1.8 m 处设置断接卡，断接卡应加保护措施。

4)装有避雷针的金属筒体，当其厚度不小于 4 mm 时，可做避雷针的引下线。筒体底部应有两处与接地体对称连接。

5)独立避雷针及其接地装置与道路或建筑物的出入口等的距离应大于 3 m。当小于 3 m 时，应采取均压措施或铺设卵石或沥青路面。

6)独立避雷针(线)应设置独立的集中接地装置。当有困难时，该接地装置可与接地网连接，但避雷针与主接地网的地下连接点至 35 kV 及以下设备与主接地网的地下连接点沿接地体的长度不得小于 15 m。

7)独立避雷针的接地装置与接地网的地中距离不应小于 3 m。

8)配电装置的架构或屋顶上的避雷针应与接地网连接,并应在其附近装设集中接地装置。

9)建筑物上的避雷针或防雷金属网应和建筑物顶部的其他金属物体连接成一个整体。

图 5-1 避雷针(带)与引下线之间的连接

(3)防雷引下线安装应符合下列规定:

1)当利用建筑物柱内主筋做引下线时,应在柱内主筋绑扎或连接后,按设计要求进行施工,经检查确认后再支模;

2)对于直接从基础接地体或人工接地体暗敷埋入粉刷层内的引下线,应先检查确认不外露后,再贴面砖或刷涂料等;

3)对于直接从基础接地体或人工接地体引出明敷的引下线,应先埋设或安装支架,并经检查确认后再敷设引下线。

(4)防雷接地系统测试前,接地装置应完成施工且测试合格;防雷接闪器应完成安装,整个防雷接地系统应连成回路。

三、施工工艺流程

防雷装置的安装工作要先进行接地装置的施工,再连接引下线,最后安装接闪器。这是一个重要工序的排列,不允许逆反,否则要酿成大祸。若先安装接闪器,而接地装置尚未施工,引下线也没有连接,会使建筑物遭受雷击的概率大增。

防雷装置安装施工工艺流程如图 5-2 所示。

图 5-2 防雷装置安装施工工艺流程

(一)接地装置的安装

接地装置可分为人工接地装置和自然接地装置。人工接地装置又可分为垂直接地体和水平接地体。现讲述自然接地体的安装施工,而人工接地装置的安装将在任务二中讲述。

利用钢筋混凝土基础内的钢筋作为接地装置时,敷设在钢筋混凝土中的单根钢筋或圆钢,其直径不应小于 10 mm。被利用作为防雷装置的混凝土构件的钢筋,其截面面积总和不应小于一根直径为 10 mm 钢筋的截面面积。利用建筑物钢筋混凝土基础内的钢筋作为接地装置时,应在与防雷引下线相对应的室外埋深 0.8～1 m,由被利用作为引下线的钢筋上焊出一根 φ12 mm 圆钢或 40 mm×4 mm 的镀锌扁钢,伸向室外距外墙的距离不宜小于 1 m,以便补装人工接地体。

1. 钢筋混凝土桩基础接地体的安装

钢筋混凝土桩基础接地体安装如图 5-3 所示。

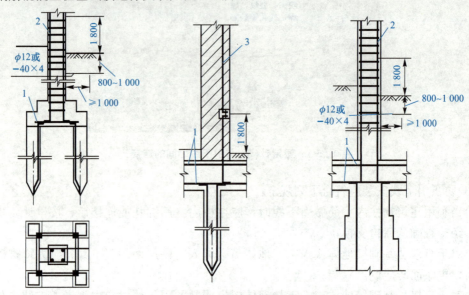

图 5-3　钢筋混凝土桩基础接地体安装
(a)独立式桩基;(b)方桩基础;(c)挖孔桩基础
1—承台架钢筋;2—柱主筋;3—独立引下线

在作为防雷引下线的柱子(或剪力墙内钢筋做引下线)位置处,将桩基础的抛头钢筋与承台梁主筋焊接,如图 5-4 所示,并与上面作为引下线的柱(或剪力墙)中钢筋焊接。在每一组桩基多于 4 根时,只需连接其四角桩基的钢筋作为防雷接地体。

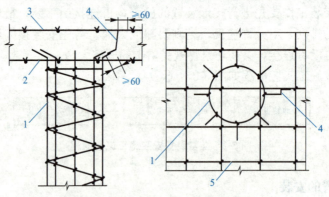

图 5-4　桩基钢筋与承台钢筋的连接
1—桩基钢筋;2—承台下层钢筋;3—承台上层钢筋;
4—连接导体;5—承台钢筋

2. 独立柱基础、箱形基础接地体的安装

钢筋混凝土独立基础及钢筋混凝土箱形基础作为接地体时，应将用作防雷引下线的现浇钢筋混凝土柱内的符合要求的主筋，与基础底层钢筋网做焊接，如图 5-5 所示。

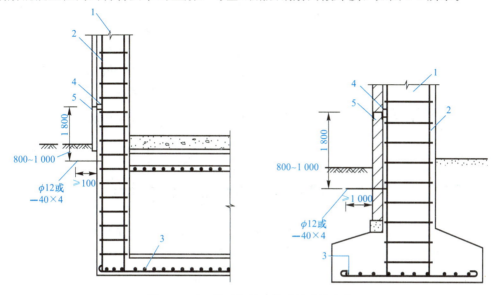

图 5-5　独立基础与箱形基础接地体安装
(a)独立基础；(b)箱形基础
1—现浇混凝土柱；2—柱主筋；3—基础底层钢筋网；
4—预埋连接板；5—引出连接板

钢筋混凝土独立基础若有防水油毡及沥青包裹时，应通过预埋件和引下线，跨越防水油毡及沥青层，将柱内的引下线钢筋、垫层内的钢筋与接地柱相焊接，如图 5-6 所示，利用垫层钢筋和接地桩柱做接地装置。

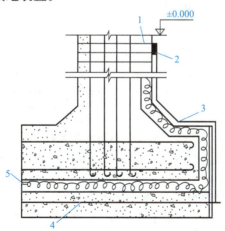

图 5-6　设有防潮层的基础接地体的安装
1—柱主筋；2—连接柱筋与引下线的预埋铁件；
3—$\phi 12$ mm 圆钢引下线；4—混凝土垫层内钢筋；5—油毡防水

3. 钢筋混凝土板式基础接地体的安装

利用无防水层底板的钢筋混凝土板式基础作接地体，应将利用作为防雷引下线的符合规定的柱主筋与底板的钢筋进行焊接，如图 5-7 所示。

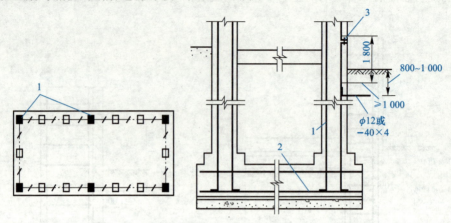

图 5-7 钢筋混凝土板式(无防水底板)基础接地体的安装
(a)平面图；(b)基础安装
1—柱主筋；2—底板钢筋；3—预埋连接板

在进行钢筋混凝土板式基础接地体安装时，当遇有板式基础有防水层时，应将符合规格和数量的可以用来作防雷引下线的柱内主筋，在室外自然地面以下的适当位置处，利用预埋连接板与外引的 $\phi12$ mm 或 40 mm×4 mm 的镀锌圆钢或扁钢相焊接作连接线，同有防水层的钢筋混凝土板式基础的接地装置连接，如图 5-8 所示。

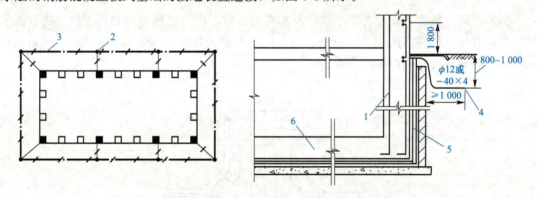

图 5-8 钢筋混凝土板式(有防水层)基础接地体安装图
1—柱主筋；2—接地体；3—连接线；4—引至接地体；5—防水层；6—基础底板

4. 钢筋混凝土杯形基础预制柱接地体的安装

杯口形(仅有水平钢筋的)基础接地体的安装，如图 5-9 所示。连接导体引出位置是在杯口一角的附近，与预制混凝土柱上的预埋连接板位置相对应。连接导体和水平钢筋网均应与柱上预埋件焊接。立柱后，将连接导体与柱内预埋的规格为 63 mm×63 mm×5 mm、长为 100 mm 的连接板焊接后，与土壤接触的外露部分用 1∶3 水泥砂浆保护，保护层厚度不应小于 50 mm。

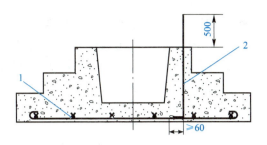

图 5-9 杯口形(仅有水平钢筋的)基础接地体的安装

1—杯形基础水平钢筋网;2—连接导体 $\phi 12$ mm 钢筋或圆钢

杯口形(有垂直和水平钢筋体的)基础接地体的安装,如图 5-10 所示。与连接导体相连接的垂直钢筋,应与水平钢筋相焊接;如不能直接焊接时,应采用一段直径不小于 10 mm 的钢筋或圆钢跨接焊。当 4 根垂直主筋都能接触到水平钢筋网时,应将 4 根垂直主筋均与水平钢筋网绑扎连接。连接导体外露部分用 1∶3 水泥砂浆保护,保护层厚度不应小于 50 mm。

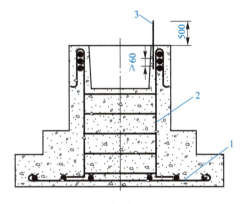

图 5-10 杯口形(有垂直和水平钢筋体的)基础接地体的安装

1—杯形基础水平钢筋网;2—垂直钢筋网;
3—连接导体 $\phi 12$ mm 钢筋或圆钢

5. 钢柱钢筋混凝土基础接地体安装

钢柱(仅有水平钢筋体的)基础接地体的安装,如图 5-11 所示。每个钢筋基础中应有一个地脚螺栓通过连接导体($\geqslant \phi 12$ mm 的钢筋或圆钢)与水平钢筋网进行焊接。地脚螺栓与连接导体及连接导体与水平钢筋网的搭接焊接长度不应小于 60 mm。并在钢柱就位后,将地脚螺栓及螺母和钢柱焊为一体。当无法利用钢柱的地脚螺栓时,应按钢筋混凝土杯形基础接地体的施工方法施工。将连接导体引至钢柱就位的边线外,并在钢柱就位后,焊接到钢柱的底板上。

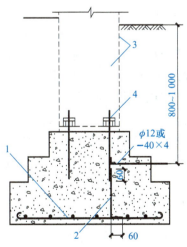

图 5-11 钢柱(仅有水平钢筋体的)基础接地体的安装

1—水平钢筋网;2—连接导体($\geqslant \phi 12$ mm 的钢筋或圆钢);3—钢柱;4—地脚螺栓

钢柱(有垂直和水平钢筋网的)基础接地体的安装,如图 5-12 所示。有垂直和水平钢筋网的基础,垂直和水平钢筋网的连接,应将与地脚螺栓相连接的一根垂直钢筋焊接到水平钢筋网上;当不能直接焊接时,采用≥φ12 mm 的钢筋或圆钢跨接焊接。如果 4 根垂直主筋能接触到水平钢筋网时,可将垂直的 4 根钢筋与水平钢筋网进行绑扎连接。当钢柱钢筋混凝土基础底部有桩基时,宜将每一桩基的一根主筋同承台钢筋焊接。

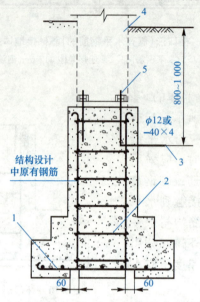

图 5-12　钢柱(有垂直和水平钢筋网的)基础接地体的安装
1—水平钢筋网;2—垂直钢筋网;3—连接导体(≥φ12 mm 钢筋或圆钢);
4—钢柱;5—地脚螺栓图

(二)引下线的安装

一级防雷建筑物专设引下线时,其根数不少于 2 根,沿建筑物周围均匀或对称布置,间距不应大于 12 m,防雷电感应的引下线间距应为 18～24 m;二级防雷建筑物引下线数量不应少于 2 根,沿建筑物周围均匀或对称布置,平均间距不应大于 18 m;三级防雷建筑物引下线数量不宜少于 2 根,平均间距不应大于 25 m;但周长不超过 25 m,高度不超过 40 m 的建筑物可只设一根引下线。引下线可分为明敷和暗敷两种,一般采用圆钢或扁钢,优先采用圆钢。采用圆钢时,直径不应小于 8 mm;采用扁钢时,其截面面积不应小于 48 mm^2,厚度不应小于 4 mm。对于钢筋混凝土建筑,可利用柱内主筋做引下线。当引下线长度不足,需要在中间接头时,引下线应进行搭接焊接。

1. 明敷引下线

明敷的引下线应镀锌,焊接处应涂防腐漆。建筑物的金属构件(如消防梯等)、金属烟囱、烟囱的金属爬梯、混凝土柱内钢筋、钢柱等都可作为引下线,但其所有部件之间均应连成电气通路。在易受机械损坏和人身接触的地方,地面上 1.7 m 至地面下 0.3 m 的一段引下线应采取暗敷或采用镀锌角钢、刚性塑料管等保护设施,如图 5-13 所示。

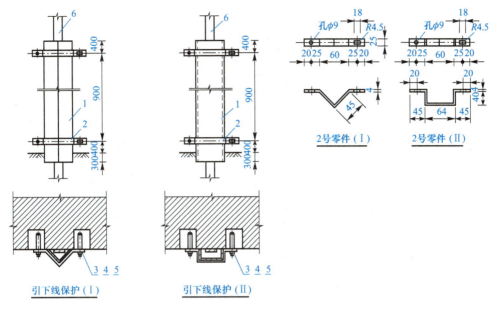

图 5-13 引下线保护安装图

1—保护角钢或保护槽板；2—卡子；3—膨胀螺栓；4—螺母；5—垫圈；6—引下线

明敷引下线应预埋支持卡子，支持卡子应凸出外墙装饰面 15 mm 以上，露出长度应一致，将圆钢或扁钢固定在支持卡子上。一般第一个支持卡子在距离室外地面 2 m 高处预埋，距第一个卡子正上方 1.5~2 m 处埋设第二个卡子，依此向上逐个埋设，间距均匀相等，并保证横平竖直。明敷引下线调直后，从建筑物最高点由上而下，逐点与预埋在墙体内的支持卡子套环卡固，用螺栓或焊接固定，直至断接卡子为止，如图 5-14 所示。

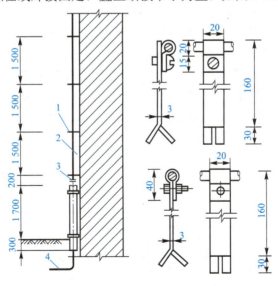

图 5-14 明敷引下线

1—扁钢卡子；2—明敷引下线；3—断接卡子；4—接地线

引下线通过屋面挑檐板处，应做成弯曲半径较大的慢弯，弯曲部分线段总长度应小于拐弯开口处距离的 10 倍。引下线通过挑檐板或女儿墙做法如图 5-15 所示。

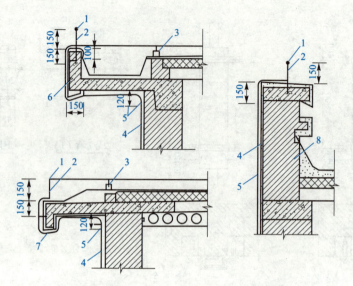

图 5-15 明敷引下线经过挑檐板、女儿墙做法
1—避雷带；2—支架；3—混凝土支座；4—引下线；
5—固定卡子；6—现浇挑檐板；7—预制挑檐板；8—女儿墙

2. 暗敷引下线

暗敷引下线是把圆钢或扁钢暗敷设在结构内，用得最多的是利用建筑物混凝土柱内的钢筋作防雷引下线。作引下线的柱内主筋直径不小于 10 mm，每根柱子内要焊接不少于两根主筋。

利用建筑物钢筋作引下线时，钢筋直径为 16 mm 及以上时，应利用两根钢筋（绑扎或焊接）作为一组引下线；当钢筋直径为 10～16 mm 时，应利用四根钢筋（绑扎或焊接）作为一组引下线。引下线上部（屋顶上）应与接闪器焊接，中间与每层结构钢筋需进行绑扎或焊接连接，下部在室外地坪下 0.8～1 m 处焊出一根 ϕ12 mm 的圆钢或截面 40 mm×4 mm 的扁钢，伸向室外与外墙面的距离不小于 1 m。

沿墙或混凝土构造柱暗敷设的引下线，一般使用直径不小于 ϕ12 mm 镀锌圆钢或截面为 25 mm×4 mm 的镀锌扁钢。钢筋调直后，先与接地体（或断接卡子）用卡钉固定好，垂直固定距离为 1.5～2 m，由下至上展放或一段一段连接钢筋，直接通过挑檐板或女儿墙与避雷带焊接，如图 5-16 所示。

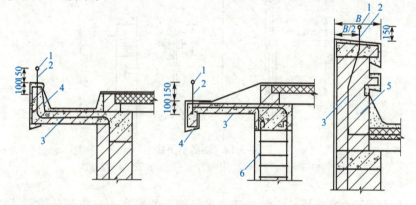

图 5-16 暗敷引下线经过挑檐板、女儿墙做法
1—避雷带；2—支架；3—引下线；4—挑檐板；5—女儿墙；6—柱主筋
B—墙体宽度

3. 断接卡子

设置断接卡子的目的是便于运行、维护和检测接地电阻。采用多根专设引下线时，为了便于测量接地电阻及检查引下线、接地线的连接状况，宜在各引下线上距离地面 0.3 m 至 1.8 m 之间设置断接卡子。断接卡子应有保护措施。

断接卡子的安装形式有明装和暗装两种，如图 5-17 和图 5-18 所示。断接卡子可利用截面面积不小于 40 mm× 4 mm 或 25 mm× 4 mm 的镀锌扁钢制作，用两根镀锌螺栓拧紧。引下线圆钢或扁钢与断接卡子的扁钢应采用搭接焊。

暗装断接卡子盒用 2 mm 冷轧钢板制作，压接螺栓应镀锌，规格为 M10× 30 mm，所有螺栓（包括箱门螺栓）均应用防水油膏封闭。箱体安装高度 h 和内外油漆颜色由设计选定。当断接卡子不需要断开时，可直接焊接。

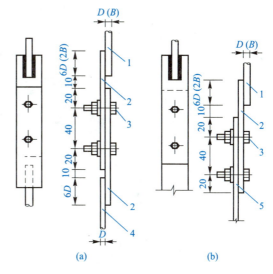

图 5-17 明装引下线断接卡子的做法

(a) 用于圆钢连接线；(b) 用于扁钢连接线

1—圆钢引下线；2—25 mm×4 mm，长度为 90×6D 的连接板；
3—M8×30 mm 镀锌螺栓；4—圆钢接地线；5—扁钢接地线
D—圆钢直径；B—扁钢厚度

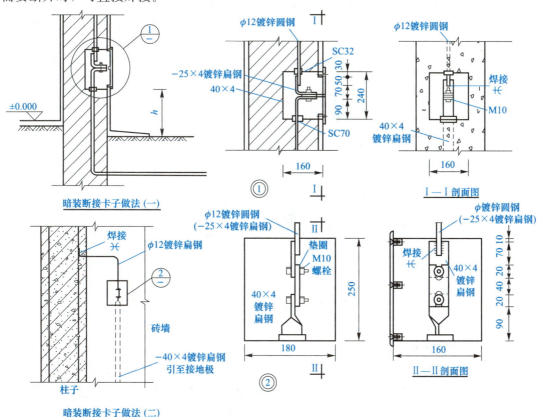

图 5-18 暗装引下线断接卡子的做法

明装引下线在断接卡子下部，应外套竹管、硬塑料管等非金属管保护，如图 5-19 所示。保护管深入地下部分不应小于 300 mm。明装引下线不应套钢管，必须外套钢管保护时，必须在保护钢管的上、下侧焊跨接线与引下线连接成一整体。

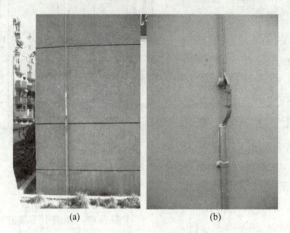

图 5-19　明敷引下线与断接卡子
(a)明敷引下线与断接卡；(b)明敷引下线与断接卡(细部)

用建筑物钢筋作引下线，由于建筑物从上而下钢筋连成一整体，因此不能设置断接卡子，需在柱(或剪力墙)内作为引下线的钢筋上，另焊一根圆钢引至柱(或墙)外侧的墙体上，在距离地面 1.8 m 处设置接地电阻测试箱；也可在距离地面 1.8 m 处的柱(或墙)的外侧，将用角钢或扁钢制作的预埋连接板与柱(或墙)的主筋进行焊接，再用引出连接板与预埋连接板相焊接，引至墙体外表面，如图 5-20 所示。

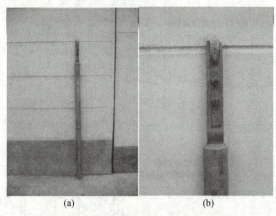

图 5-20　暗敷引下线与断接卡子
(a)暗敷引下线与断接卡；(b)暗敷引下线与短接卡(细部)

(三)接闪器的安装

1. 避雷针的安装

(1)屋面避雷针的安装。避雷针一般采用镀锌圆钢或焊接钢管制作，焊接处应涂防腐漆，其直径不小于表 5-1 中的数值：

表 5-1 避雷针的直径

避雷针	所需材料
针长 1 m 以下	圆钢 ϕ12 mm，钢管 ϕ20 mm
针长 1～2 m	圆钢 ϕ16 mm，钢管 ϕ25 mm
烟囱顶上的避雷针	圆钢 ϕ20 mm，钢管 ϕ40 mm

避雷针在屋面安装时，先组装好避雷针，在避雷针支座底板上相应的位置，焊接一块肋板，将避雷针立起，找直、找正后进行点焊、校正，焊上其他三块肋板，并与引下线焊接牢固，屋面上若有避雷带，还要与其焊接成一个整体，如图 5-21 所示。避雷针安装后针体应垂直，其允许偏差不应大于顶端针杆直径。设有标志灯的避雷针，灯具应完整，显示清晰。

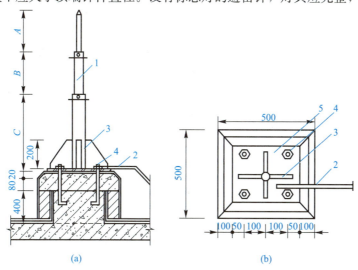

图 5-21 屋面上避雷针的安装
(a)立面图；(b)俯视图
1—避雷针；2—引下线；3—200 mm×100 mm×8 mm 肋板；
4—M25×350 mm 地脚螺栓；5—300 mm×300 mm×8 mm 底板

(2)水塔避雷针的安装。一般在塔顶中心安装一支 1.5 m 高的避雷针，水塔顶上周围铁栅栏也可作为接闪器，或在塔顶装设环形避雷带保护水塔边缘。要求其冲击接地电阻小于 30 Ω，引下线一般不少于两根，间距不大于 30 m。若水塔周长和高度在 40 m 以下，可只设一根引下线，或利用铁爬梯作为引下线。水塔上的避雷针安装如图 5-22 所示，避雷针高度 H 根据水塔实际尺寸由设计确定。

(3)烟囱避雷针的安装。砖烟囱和钢筋混凝土烟囱靠装设在烟囱上的避雷针或避雷环(环形避雷带)进行保护，多根避雷针应用避雷带连接成闭合环。当非金属烟囱无法采用单支或双支避雷针保护时，应在烟囱口装设环形避雷带，并应对称布置 3 支高出烟囱口且不低于 0.5 m 的避雷针。当烟囱上采用避雷环时，其圆钢直径不应小于 12 mm，扁钢截面面积不应小于 100 mm²，其厚度不应小于 4 mm，冲击接地电阻不大于 30 Ω。金属烟囱本身可作为接闪器和引下线。钢筋混凝土烟囱应利用内部主筋(不少于两根 ϕ16)作引下线，主筋应在顶部和底部与引下线相连，利用钢筋作为引下线和接地装置，可不另设专用引下线。烟囱避雷针的安装如图 5-23 所示。避雷针的数量按表 5-2 来选择。

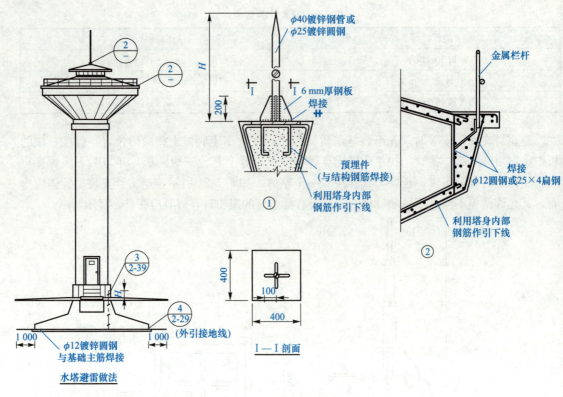

图 5-22 水塔避雷针的安装

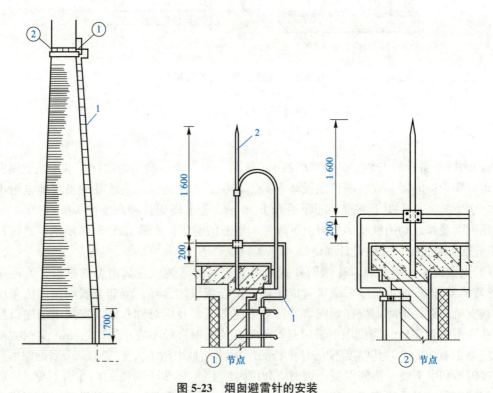

图 5-23 烟囱避雷针的安装

1—引下线；2—$\phi 25$ 镀锌圆钢或 SC40 镀锌钢管

表 5-2 避雷针数量选择表

烟囱尺寸	内径/m	1.0	1.0	1.5	1.5	2.0	2.0	2.5	2.5	3.0
	高度/m	15~30	31~50	15~45	46~80	15~30	31~100	15~30	31~100	15~100
避雷针	数量	1	2	2	3	2	3	2	3	3

烟囱高度超过 40 m 时，应设两根引下线，可利用螺栓连接或焊接的一座金属爬梯作为两根引下线使用。烟囱有航空障碍灯等金属构件时，应与引下线连接。有腐蚀气体时，构件应用防腐材料或做防腐处理。

2. 避雷网（带）的安装

避雷带就是用小截面圆钢或扁钢安装于建筑物易遭雷击的部位，如屋脊、屋檐、屋角、女儿墙和山墙等条形长带。避雷网相当于纵横交错的避雷带叠加在一起，形成多个网孔。避雷带和避雷网可以采用圆钢或扁钢，圆钢直径不应小于 8 mm；扁钢截面面积不应小于 48 mm²，其厚度不得小于 4 mm。

如果建筑物楼顶上有女儿墙，避雷网安装在女儿墙上。安装时，先在混凝土结构上打孔，安装铁支架，支架间距为 1 m。如无女儿墙，则安装在楼顶天沟外沿。如果楼面较大时，要在楼面上做成网格，网格上的圆钢与周围的圆钢焊接在一起，连成一体，并将屋面凸出的金属物体都与避雷网焊成一体，如排水管的通气管、共用天线的铁架等。屋面中间的避雷网要敷设在混凝土块上，间距为 1 m。避雷带明装时，要求避雷带与屋面边缘的距离不应大于 500 mm。在避雷带转角中心严禁设置支座。对于不允许明装避雷网的建筑物，可以将圆钢或扁钢安装在建筑物的结构表面内，外面用装饰面遮蔽。

(1)沿混凝土块敷设。混凝土块为一正方梯形体，在土建做屋面层之前按照图纸及规定的间距把混凝土块做好，待土建施工完毕后，混凝土块基本牢固了，然后将避雷带（网）用焊接或用卡子固定于混凝土块的支架上。中间支座的间距为 1 m，转角处支座的间距为 0.5 m。具体安装方法如图 5-24 所示。

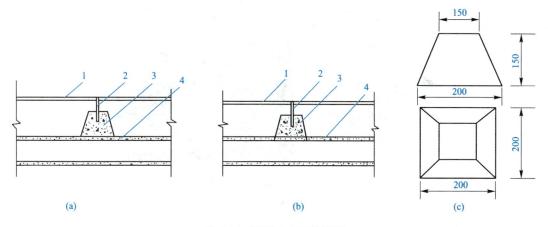

图 5-24 混凝土支座的设置
(a)预制混凝土支座；(b)现浇混凝土支座；(c)混凝土支座
1—避雷（网）带；2—支架；3—混凝土支座；4—屋面

(2)沿支架敷设。根据建筑物结构、形状的不同可分为沿天沟敷设、沿女儿墙敷设。所有防雷装置的各种金属件必须镀锌。水平敷设时要求支架间距为 1 m，转弯处为 0.5 m。具体安装方式如图 5-25、图 5-26 所示。

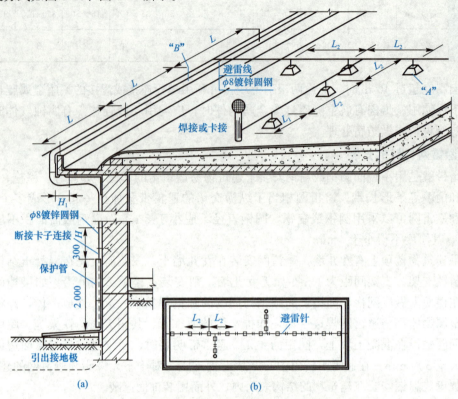

图 5-25　建筑物屋顶防雷装置安装方法
(a)平屋顶挑檐防雷装置方法示意图；(b)不上人平屋顶平面

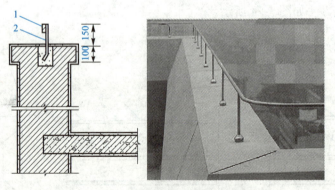

图 5-26　避雷带在女儿墙上安装
1—避雷带；2—支架

接闪器与避雷引下线的连接应采用焊接，当焊接有困难时，可采用螺栓连接，但接触面最好热镀锌或垫硬铅垫，具体做法如图 5-27 所示。

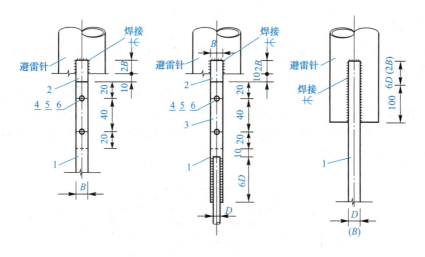

避雷针与引下线连接

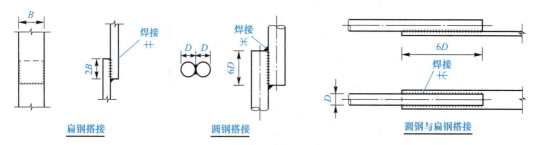

扁钢搭接　　圆钢搭接　　圆钢与扁钢搭接

图 5-27　接闪器与避雷引下线的连接

1—引下线；2、3—连接板；4—螺栓；5—螺母；6—垫圈

B—扁钢宽度；D—圆钢直径

接闪线和接闪带与支持件间可采用螺栓固定，具体做法如图 5-28 所示。

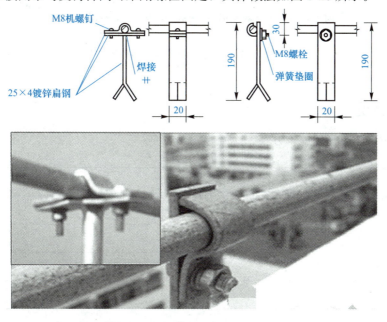

图 5-28　接闪线和接闪带与支持件间的螺栓固定做法

(四)均压环

对高层建筑物,一定要注意防备侧向雷击和采取等电位措施。应在建筑物首层起每3层设均压环一圈。

当建筑物全部为钢筋混凝土结构时(或建筑物为砖混结构但有钢筋混凝土组合柱和圈梁),将结构圈梁钢筋与柱内充当引下线的钢筋进行焊接做均压环;没有组合柱和圈梁的建筑物,应每3层在建筑物外墙内敷设一圈12 mm镀锌圆钢作为均压环,并与防雷装置的所有引下线连接,如图5-29所示。

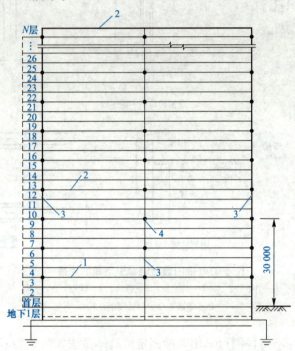

图5-29 高层建筑避雷带(网或均压环)引下线连接示意
1、2—避雷带(网或均压环);3—防雷引下线;
4—防雷引下线与避雷带(网或均压环)的连接处

📋 工作任务

1. 编写防雷装置安装施工方案。

_____
_____
_____
_____
_____
_____

2. 编写防雷装置安装技术交底记录(表5-3)。

表 5-3 技术交底记录

工程名称		交底日期	
施工单位		分项工程名称	
交底提要			
交底内容:			
审核人		交底人		接受交底人	

注：1. 本表由施工单位填写，交底单位与接受交底单位各存一份。
　　2. 当做分项工程施工技术交底时，应填写"分项工程名称"栏，其他技术交底可不填写。

3. 填写防雷装置安装隐蔽工程验收记录(表5-4)。

表 5-4 隐蔽工程验收记录表

工程名称			分项工程名称			
施工单位			专业工长		项目经理	
分包单位			分包项目经理		施工班长	
建设单位			监理单位			
设计图号		隐蔽部位		隐蔽物名称		

隐蔽内容及草图:

施工单位检查意见:

单位工程专业技术负责人: 年 月 日

监理单位检查意见:

专业监理工程师: 年 月 日

4. 填写防雷装置安装检验批质量验收记录(表5-5)

表 5-5 检验批质量验收记录表(GB 50303—2015)

单位(子单位)工程名称				
分部(子分部)工程名称			验收部位	
施工单位			项目经理	
分包单位			分包项目经理	
施工执行标准名称及编号				
		施工质量验收规范的规定	施工单位检查评定记录	监理(建设)单位验收记录
主控项目	1			
	2			
	3			
	4			
一般项目	1			
	2			
	3			
	4			
	5			
	6			
施工单位检查评定结果	专业工长(施工员)		施工班组长	
	项目专业质量检查员：			年 月 日
监理(建设)单位验收结论	专业监理工程师(建设单位项目专业技术负责人)：			年 月 日

任务二　接地装置安装

班级：_____　姓名：_____　学号：_____　日期：_____　测评成绩：_____

工作任务	接地装置安装	教学模式	项目教学＋任务驱动
建议学时	4学时	教学地点	多媒体教室＋机房
任务描述	某综合楼建筑电气安装工程即将进入接地装置安装施工阶段，请项目部组织施工员对接地装置安装进行技术交底，并组织质量员及时进行分部分项工程质量检验，确保工程质量。施工图纸详见附录。 1. 请施工员识读施工图纸，编写接地装置安装施工方案。 2. 请施工员根据工程要求，编制接地装置安装技术交底文件，填写表5-8。 3. 请技术员做好接地装置安装的隐蔽记录，填写表5-9。 4. 请质量员按照要求完成接地装置安装的施工质量验收记录，填写表5-10		
学习目标	1. 能提出接地装置安装材料要求，做好材料的进场验收； 2. 能选择接地装置安装主要机具，提前做好施工准备； 3. 能明确接地装置安装作业条件，做好施工衔接； 4. 能制定接地装置安装施工工艺，树立良好的安全文明施工意识； 5. 能确定质量标准及质量控制措施，遵守相关法律法规、标准和管理规定； 6. 能进行隐蔽工程和分部分项工程质量检验，提高语言文字表达能力		
任务实施	施工阶段： 　施工准备：阅读施工图纸；准备常用工具；材料选择与进场验收；编写施工方案；进行技术交底；制定质量控制措施 　施工过程：注意施工要点；严格按照工艺流程；随工检查；做好成品保护 　质量检验：执行质量检验标准；做好检验记录		

续表

实施要点	接地装置安装	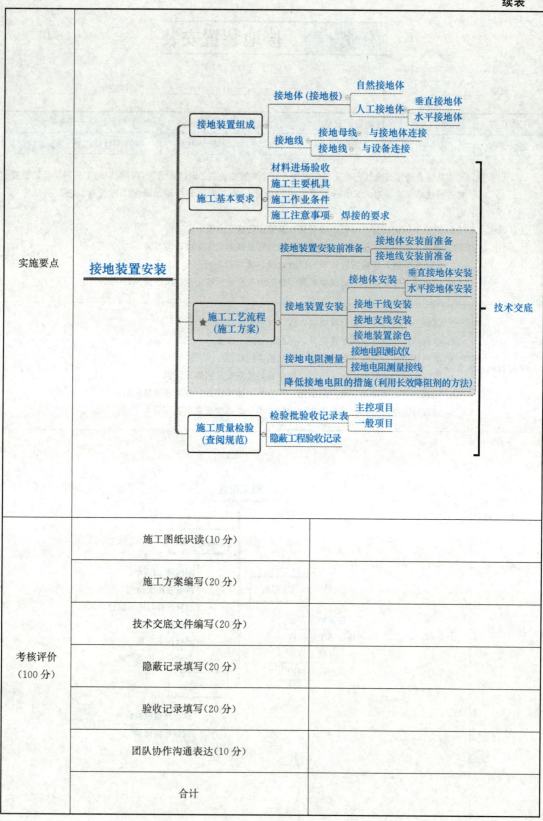	
考核评价 (100分)	施工图纸识读(10分)		
	施工方案编写(20分)		
	技术交底文件编写(20分)		
	隐蔽记录填写(20分)		
	验收记录填写(20分)		
	团队协作沟通表达(10分)		
	合计		

知识准备

一、接地装置工程

接地装置包括接地体（又称接地极）和接地线两部分。防雷接地与保护性接地的内容相同，在此一并讲述。

1. 接地体

接地体是指埋入土壤中或混凝土基础中做散流的金属导体。接地体可分为人工接地体和自然接地体两种。

(1)人工接地体即直接打入地下专用来接地的经加工的各种型钢或钢管等，按其敷设方式可分为垂直接地体和水平接地体。埋入土壤中的人工垂直接地体宜采用角钢、钢管或圆钢；埋入土壤中的人工水平接地体宜采用扁钢或圆钢。圆钢直径不应小于 10 mm；扁钢截面面积不应小于 100 mm^2，其厚度不应小于 4 mm。角钢厚度不应小于 4 mm；钢管壁厚不应小于 3.5 mm。

人工接地体在土壤中埋设深度不应小于 0.6 m，垂直接地体的长度不应小于 2.5 m，人工垂直接地体之间及人工水平接地体之间的距离不应小于 5 m，与建筑物间距大于 3 m。

(2)自然接地体即兼作接地用的直接与大地接触的各种金属构件，如建筑物的钢结构、行车钢轨、埋地的金属管道(可燃液体和可燃气体管道除外)、混凝土建筑物的基础等。在建筑施工中，常采用混凝土建筑物的基础钢筋作为自然接地体。利用基础接地时，对建筑物地梁的处理是重要的一环。地梁内的主筋要和基础主筋连接起来，并要将各段地梁的钢筋连成一个环路。自然接地体的接地电阻符合要求时，一般不再设人工接地体，当不能满足要求时，可以增加人工接地体。

2. 接地线

接地线是从引下线断接卡或换线处至接地体的连接导体，也是接地体与接地体之间的连接导体，同时，也是接地设备与接地体可靠连接的导体。有时一个接地体上要接多台设备，这时将接地线分为两段，与接地体连接的一段称为接地母线，与设备连接的一段称为接地线。接地线应与水平接地体的截面相同。人工敷设的接地母线一般为镀锌扁钢或镀锌圆钢。与设备连接的接地线可以采用钢材料，也可以是铜或铝导线。接地母线可以暗敷设在结构内、埋设于地下或明敷设在建筑结构上；而接地导线可以穿管暗敷设或明敷设。

3. 建筑物出入口均压带做法

为了降低跨步电压，防直击雷的人工接地体距道路和建筑物入口处不应小于 3 m，当小于 3 m 时，可采用"帽檐式"均压带做法(图 5-30)，并应采取下列措施之一：

(1)水平接地体局部埋深不应小于 1 m；
(2)水平接地体局部应包绝缘物，可采用 50～80 mm 厚的沥青层；
(3)采用沥青碎石地面或在接地体上方覆盖一层 50～80 mm 厚的沥青层，宽度要超出接地体 2 m。

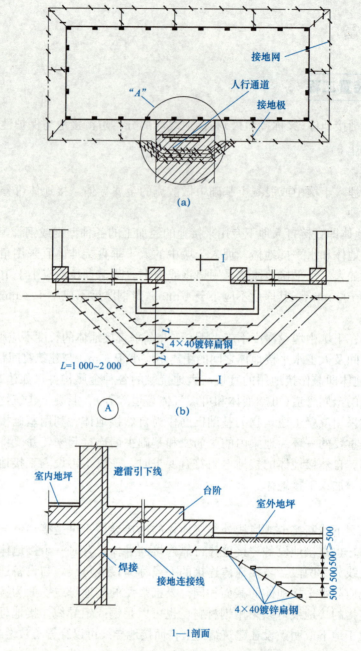

图 5-30 帽檐式均压带做法图
(a)建筑物人行通道均压带做法平面图；(b)帽檐式均压带位置尺寸图

4. 等电位联结

在建筑电气工程中，常见的等电位联结措施有 3 种，即总等电位联结、辅助等电位联结和局部等电位联结三类。其中，局部等电位联结是辅助等电位联结的一种扩展。这三者在原理上都是相同的，不同之处在于作用范围和工程做法。

高层建筑中的等电位措施，通常采取将滚球半径高度及以上部分外墙上的栏杆、金属门窗等较大金属物直接或通过金属门窗埋铁与防雷装置至少有两点连接。

(1)总等电位联结(Main Equipotential Bonding，MEB)。总等电位联结的作用在于降低建筑物内间接接触电击的接触电压和不同金属部件间的电位差，并消除自建筑物外经电气线路和各种金属管道引入的危险故障电压的危害，通过进线配电箱近旁的总等电位联结端子板(接地母排)将下列导电部分互相连通：

1)进线配电箱的PE(PEN)母排；

2)公用设施的金属管道：如上下水、热力、煤气等管道；

3)与室外接地装置连接的接地母线；

4)与建筑物连接的钢筋。

(2)辅助等电位联结(Supplementary Equipotential Bonding，SEB)。在一个装置或部分装置内，如果作用于自动切断供电的间接接触保护不能满足规范规定的条件时，则需要设置辅助等电位联结。辅助等电位联结包括所有可能同时触及的固定式设备的外露部分，所有设备的保护线，水暖管道、建筑物构建等装置外导体部分。

用于两电气设备外露导体间的辅助等电位联结线的截面为两设备中较小PE线的截面；电器设备与装置外可导电部分间辅助等电位联结线的截面为该电气设备的PE线截面的一半。辅助等电位联结线的最小截面，有机械保护时，采用铜导线为 2.5 mm^2，无机械保护时，铜导线为 4 mm^2；采用镀锌材料时，圆钢为 $\phi 10 \text{ mm}$，扁钢为 $20 \text{ mm} \times 4 \text{ mm}$。

(3)局部等电位联结(Local Equipotential Bonding，LEB)。局部等电位联结是指当需要在一局部场所范围内做多个辅助等电位联结时，可通过局部等电位联结端子板将PE母线或PE干线或公用设施的金属管道等互相连通，以简便地实现该局部范围内的多个辅助等电位联结。

局部等电位联结主要应用在住宅楼中的卫生间、游泳池等部位，通过局部等电位联结端子板将PE母线或PE干线、公用设施的金属管道、建筑物金属结构等部分相互连通。在建筑物的防雷系统中，建筑物的某些楼层也需做局部等电位联结，把楼层内的金属管道和金属构件与防雷引下线连接。

二、施工基本要求

(1)接地装置安装应符合下列规定：

1)对于利用建筑物基础接地的接地体，应先完成底板钢筋敷设，然后按设计要求进行接地装置施工，经检查确认后，再支模或浇捣混凝土。

2)对于人工接地的接地体，应按设计要求利用基础沟槽或开挖沟槽，然后经检查确认，再埋入或打入接地极和敷设地下接地干线。

3)降低接地电阻的施工应符合下列规定：

①采用接地模块降低接地电阻的施工，应先按设计位置开挖模块坑，并将地下接地干线引到模块上，经检查确认，再相互焊接；

②采用添加降低接地电阻的施工，应先按设计要求开挖沟槽或钻孔垂直埋管，再将沟槽清理干净，检查接地体埋入位置后，再灌注降阻剂；

③采用换土降低接地电阻的施工，应先按设计要求开挖沟槽，并将沟槽清理干净，再在沟槽底部铺设经确认合格的低电阻土壤，经检查铺设厚度达到设计要求后，再安装接地装置；接地装置连接完好，并完成防腐处理后，再覆盖上一层低电阻率土壤。

4)隐蔽装置前,应先检查验收合格后,再覆土回填。

(2)接地极、接地线应采用镀锌钢材及铜材,要求有材质合格证。

(3)接地极一般长度为 2.5 m,其间距不小于接地极全长的两倍即 5 m。

(4)接地极及接地线敷设完工后沟内不允许回填杂物及建筑垃圾。

(5)明设接地线安装应符合下列要求:

1)安装在便于检查的部位;

2)敷设的位置应不妨碍拆卸和检修;

3)支撑件的距离:水平直线段应为 0.5~1.0 m;转弯为 0.3~0.5 m。与地面距离宜为 0.25~0.3 m;与墙壁间隙宜为 10~20 mm。

(6)接地线跨越建筑物的伸缩缝、沉降缝处应设置补偿器。

(7)接地焊接应采用搭接焊,其焊接长度应满足以下要求:

1)扁钢应为其宽度的两倍(至少 3 个边焊接);

2)圆钢为其直径的 6 倍(保证两面焊接);

3)圆钢与扁钢连接时,其焊接长度应不小于圆钢直径的 6 倍;

4)扁钢与钢管、扁钢与角钢焊接时,除应在其接触面部位两侧焊接外,应焊由扁钢围成的弧形(或直角形)卡子,直接由扁钢本身完成的弧形与钢管焊接。

(8)当接地装置跨越建筑物入口或通道时,应在接地面做均压处理。

(9)在 TN 系统中接地线和保护接地线截面面积应符合表 5-6 的规定。

表 5-6 接地线和保护接地线截面面积表

配电线路相线截面 S/mm^2	接地和保护接地导线截面 S_P/mm^2
$S \leqslant 16$	$S = S_P$
$16 < S \leqslant 35$	$S_P = 16$
$S > 35$	$S_P \geqslant 1/2S$

(10)低压电气设备地面上外露的铜和铝接地线最小截面面积应符合表 5-7。

表 5-7 低压电气设备地面上外露的铜和铝接地线最小截面面积表

名称	铜/mm^2	铝/mm^2
明设的裸导体	4	6
绝缘导体	1.5	2.5
电缆接地芯线或相线包在一起多芯电缆导线的接地线	1	1.5

三、施工工艺流程

接地装置安装施工工艺流程如图 5-31 所示。

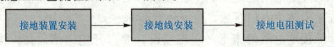

图 5-31 接地装置安装施工工艺流程

(一)接地装置安装前的准备

1. 接地体安装前的准备

垂直接地体一般采用镀锌角钢或钢管制作。角钢厚度不小于 4 mm，钢管壁厚不小于 3.5 mm，有效截面面积不小于 48 mm²。所用材料不应有严重锈蚀，弯曲的材料必须矫直后方可使用。垂直接地体一般采用 50 mm×50 mm×5 mm 镀锌角钢或 φ50 mm 镀锌钢管制作，长度一般为 2.5 m，其下端加工成尖形。用角钢制作时，其尖端应在角钢的角脊上，且两个斜边要对称，用钢管制作时也要端部削尖，如图 5-32 所示。水平接地体多采用 φ16 mm 的镀锌圆钢或 40 mm×4 mm 镀锌扁钢。

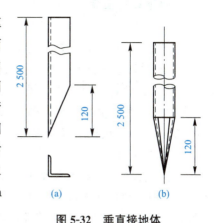

图 5-32　垂直接地体
(a)角钢接地体；(b)钢管接地体

装设接地体前，需沿设计图规定的接地网的线路先挖沟。由于地的表层容易冰冻，冰冻层会使接地电阻增大，且地表层容易被挖掘，会损坏接地装置。因此，接地装置须埋于地表层以下，一般埋设深度不应小于 0.6 m，一般挖沟深度为 0.8～1 m。

2. 接地线安装前的准备

接地线材料一般都采用圆钢或扁钢。只有移动式电气设备和采用钢质导线在安装上有困难的电气设备，才采用有色金属作为人工接地线，但禁止使用裸铝导线作接地线。接地干线采用扁钢时，截面面积不小于 12 mm×4 mm，采用圆钢时，直径不小于 6 mm。

接地线的安装包括接地体连接用的扁钢及接地干线和接地支线的安装。

接地网中各接地体间的连接干线，一般用扁钢宽面垂直安装，连接处应尽可能采用焊接并加镶块，以增大焊接面积。接地干线与接地体的焊接如图 5-33 所示。

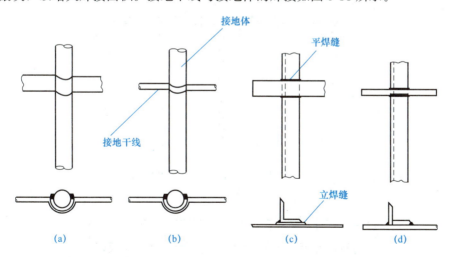

图 5-33　接地干线与接地体的焊接
(a)扁钢与圆钢；(b)圆钢与圆钢；(c)扁钢与角钢；(d)圆钢与角钢

(二) 接地装置的安装

1. 接地体的安装

(1)垂直接地体的安装。沟挖完成后，应尽快敷设接地体。接地体长度一般为 2.5 m，按设计位置将接地体垂直打入地下，当打到接地体露出沟底的长度为 150～200 mm(沟深为 0.8～1 m)时，停止打入。然后打入相邻一根接地体，相邻接地体之间间距不小于接地体长度的 2 倍，接地体与建筑物之间距离不能小于 1.5 m，接地体应与地面垂直。接地体间连接一般用镀锌扁钢，扁钢规格、数量及敷设位置应按设计图规定，扁钢与接地体用焊接方法连接(搭接焊，焊接长度符合规定)。扁钢应立放，这样既便于焊接，也可减少接地散流电阻，如图 5-34 所示。

管形接地体一般采用直径为 50 mm、长为 2.5 m 的钢管。一端敲扁。对于较坚实的土壤，还必须加装接地体管盖。这个管盖只在安装时使用，将接地体打入土中后，即可将管盖取下，放在另一接地体的端部，再打入土中。因此，在一次施工中，仅需一只就够了；对于特别坚实的土壤，接地体还要加装管针，管针打入地下不能再取出，因此，管针的数目应与接地体的数目相同。管形接地体与接地线的连接如图 5-35 所示。如果接地体安装在有腐蚀性的土壤中，都要镀锌。

用锤子敲打角钢时，应敲打角钢端面角脊处，锤击力会顺着脊线直传到其下部尖端，容易打入、打直。若是钢管，则锤击力应集中在尖端的切点位置，否则不但打入困难且不易打直，会使接地体与土壤产生缝隙，增大接触电阻。全部打入地下后，应在四周用土壤埋填夯实，以减小接触电阻。若接地体与接地线在地面下连接，则应先将接地体与接地线用电焊焊接后再埋土夯实。垂直接地体端部焊接如图 5-36 所示。

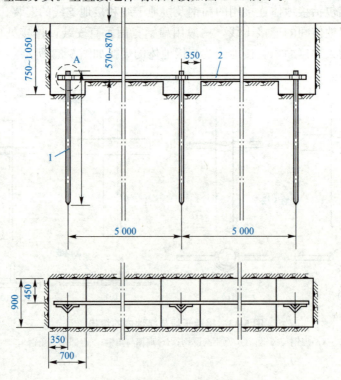

图 5-34 角钢接地体及其安装图
1—角钢接地体；2—连接扁钢

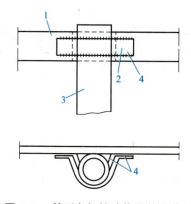

图 5-35 管形角钢接地体及其安装图
1—接地扁钢；2—管夹；3—管形接地体；4—焊缝

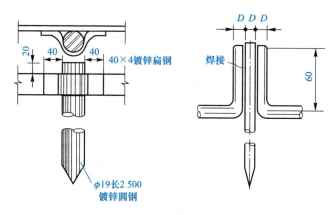

图 5-36 垂直接地体端部焊接示意图

(2)水平接地体的安装。敷设在建筑物四周闭合环状的水平接地体，可埋设在建筑物散水及灰土基础以外的基础槽边，常用 40 mm×4 mm 镀锌扁钢，最小截面面积不应小于 100 mm², 厚度不应小于 4 mm。将扁钢垂直敷设在地沟内，顶部埋设深度距离地面不应小于 0.6 m，多根平行敷设时水平间距不小于 5 m。水平接地体的敷设如图 5-37 所示。

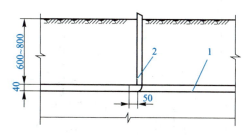

图 5-37 水平接地体的敷设
1—水平接地体；2—接地线

(3)条形基础内人工接地体的安装。条形基础内应采用不应小于 $\phi12$ mm 圆钢或 40 mm×4 mm 扁钢作为人工接地体，如图 5-38 所示。

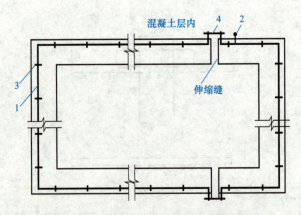

图 5-38 条形基础人工接地体安装平面示意
1—人工接地体；2—引下线；3—支持器；4—伸缩缝处跨接板

人工接地体在基础内敷设，使用圆钢支持器、扁钢支持器和混凝土支持器固定，如图 5-39 所示。条形基础内人工接地体安装方式，如图 5-40 所示。

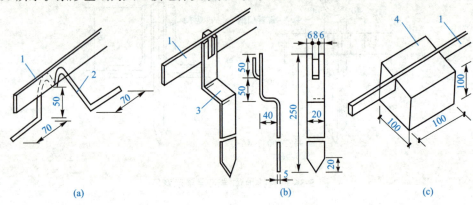

图 5-39 人工接地体支持器
(a)圆钢支持器；(b)扁钢支持器；(c)混凝土支持器
1—人工接地体；2—φ4 mm 圆钢支持器；3—20 mm×5 mm 扁钢支持器；4—C20 混凝土支持器

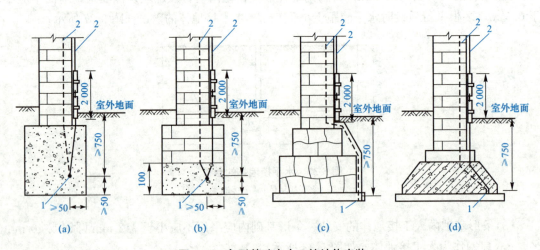

图 5-40 条形基础内人工接地体安装
(a)素混凝土基础；(b)砖基础下方的专设混凝土层；(c)毛石混凝土基础；(d)钢筋混凝土基础
1—接地体；2—引下线

条形基础内的人工接地体，在通过建筑物变形缝处时，应在室外或室内装设弓形跨接板。弓形跨接板的弯曲半径为 100 mm。弓形跨接板及换接件的外露部分应刷樟丹漆一道，面漆二道。其做法如图 5-41 所示。当采用扁钢接地体时，直接将扁钢接地体弯曲。

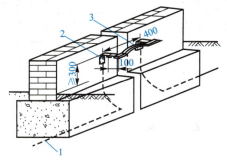

图 5-41 基础内人工接地体通过变形缝处的做法
1—圆钢人工接地体；2—25 mm×4 mm 换接件；3—25 mm×4 mm，长 500 mm 弓形跨接板

2. 接地干线的安装

接地干线应水平或垂直敷设，在直线段不应有弯曲现象。安装位置应便于检修，并且不妨碍电气设备的拆卸与检修。接地干线与建筑物或墙壁间应有 15～20 mm 间隙。水平安装时与地面距离一般为 200～600 mm（具体按设计图）。接地线支持卡子之间的距离，在水平部分为 1～1.5 m，在垂直部分为 1.5～2 m，在转角部分为 0.3～0.5 m。在接地干线上应做好接线端子（位置按设计图纸）以便连接接地支线。室内接地线与室外接地体的连接如图 5-42 所示。接地线穿过墙壁或楼板，必须预先在需要穿越处装设钢管，接地线在钢管内穿过，钢管伸出墙壁至少 10 mm，在楼板上面至少伸出 30 mm，在楼板下至少要伸出 10 mm，接地线穿过后，钢管两端要做好密封，如图 5-43 所示。

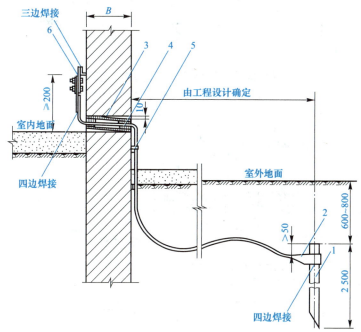

图 5-42 室内接地线与室外接地体的连接
1—接地体；2—接地线；3—塑料套管；4—沥青麻丝（或建筑密封膏）；5—固定钩；6—断接卡子

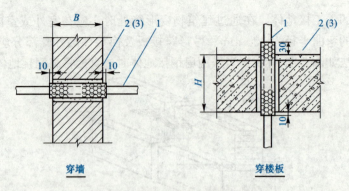

图 5-43 接地线穿墙、穿楼板安装
1—接地线；2—方套管；3—圆套管

采用圆钢或扁钢做接地线时，其连接必须用焊接（搭接焊）。圆钢搭接时，焊缝长度至少为圆钢直径的 6 倍；两扁钢搭接时，焊缝长度为扁钢宽度的 2 倍。接地引线与干线的焊接如图 5-44 所示。如采用多股绞线连接时，应采用接线端子，如图 5-45 所示。

接地干线与电缆或其他电线交叉时，其间距应不小于 25 mm；与管道交叉，应加保护钢管；跨越建筑物伸缩缝时，应有弯曲，以便有伸缩余地，防止断裂。

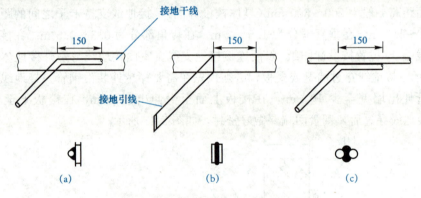

图 5-44 接地引线与干线的焊接示意图
(a) 圆钢与扁钢；(b) 扁钢与扁钢；(c) 圆钢与圆钢

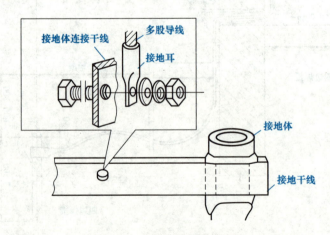

图 5-45 多股绞线的连接方法

3. 接地支线的安装

接地支线安装时应注意，多个设备与接地干线相连接，需要每个设备用一根接地支线，不允许几个设备合用 1 根接地支线，也不允许几根接地支线并接在接地干线的 1 个连接点上。接地支线与电气设备金属外壳、金属构架连接时，接地支线的两头焊接接线端子，并用镀锌螺钉压接。

明设的接地支线在穿越墙壁或楼板时应穿管保护；固定敷设的接地支线需要加长时，连接必须牢固，用于移动设备的接地支线不允许中间有接头；接地支线的每一个连接处，都应置于明显处，以便检修。

4. 接地装置的涂色

接地装置安装完毕后，应对各部分进行检查，尤其是焊接处更要仔细检查焊接质量，对合格的焊缝应按规定在焊缝各面涂漆。

明敷的接地线表面应涂黑漆，如建筑物有设计要求，需涂其他颜色，则应在连接处及分支处涂以各宽度为 15 mm 的两条黑带，间距为 150 mm。中性点接至接地网的明敷接地导线应涂紫色带色条纹。在三相四线网络中，如接有单相分支线并零线接地时，零线分支点应涂黑色带以便识别。

在接地线引向建筑物内的入口处，一般在建筑物外墙上标以黑色接地记号，以引起维护人员的注意。在检修用临时接地点处，应刷白色底漆后标以黑色接地记号。

(三) 接地电阻的测量

无论是工作接地还是保护接地，其接地电阻必须满足规定要求，否则就不能安全可靠地起到接地作用。

接地电阻是电流由接地装置流入大地再经大地流向另一接地体或向远处扩散所遇到的电阻。其包括接地线和接地体本身的电阻、接地体与大地之间的接触电阻，以及两接地体之间大地的电阻或接地体到无限远处的大地电阻。接地电阻的数值等于接地装置对地电压与通过接地体流入地中电流的比值。测量接地电阻的方法很多，目前用得最广的是接地电阻测试仪，如图 5-46 所示。接地电阻测量接线如图 5-47 所示。

图 5-46 接地电阻测试仪

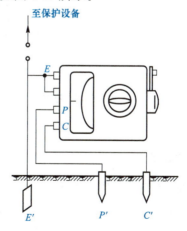

图 5-47 接地电阻测量接线

(四) 降低接地电阻的措施

一般利用长效降阻剂来降低接地电阻。长效降阻剂是由几种物质配制而成的化学降阻剂，具有导电性能良好的强电解质和水分。这些强电解质和水分被网状胶体所包围，网状胶体的空格又被部分水解的胶体所填充，使它不致随地下水和雨水而流失，因而，能长期保持良好的导电作用。使用长效降阻剂时，接地体通常采用板状和棒状两种。棒状接地体的坑内充填降阻剂施工方法如图 5-48 所示。使用钻机或洞铲挖出直径为 0.1～0.15 m、深度约为 3 m 的圆柱形孔，将铜接地体放在孔的中央，压紧放直，然后将搅拌好的降阻剂倒入洞内，待降阻剂硬化后填土夯实。水平接地体沟内充填降阻剂施工方法如图 5-49 所示。

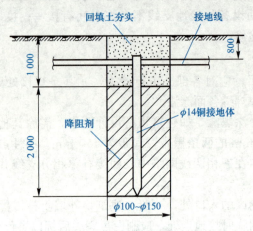

图 5-48　在敷设棒状接地体的坑内充填降阻剂

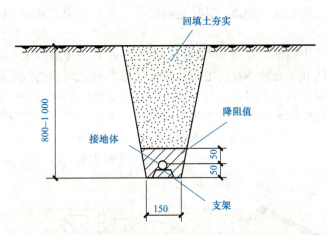

图 5-49　在敷设水平接地体的坑内充填降阻剂

工作任务

1. 编写接地装置安装施工方案。

2. 编写接地装置安装技术交底记录(表 5-8)。

表 5-8 技术交底记录

工程名称		交底日期	
施工单位		分项工程名称	
交底提要			

交底内容:

审核人		交底人		接受交底人	

注：1. 本表由施工单位填写，交底单位与接受交底单位各存一份。
　　2. 当做分项工程施工技术交底时，应填写"分项工程名称"栏，其他技术交底可不填写。

3. 填写接地装置安装隐蔽工程验收记录(表 5-9)。

表 5-9 隐蔽工程验收记录表

工程名称		分项工程名称			
施工单位		专业工长		项目经理	
分包单位		分包项目经理		施工班长	
建设单位		监理单位			
设计图号		隐蔽部位		隐蔽物名称	

隐蔽内容及草图:
施工单位检查意见:
单位工程专业技术负责人:　　　　　　　　　　　　　　　　　　　　　年　月　日
监理单位检查意见:
专业监理工程师:　　　　　　　　　　　　　　　　　　　　　　　　　年　月　日

4. 填写接地装置安装检验批质量验收记录(表 5-10)。

表 5-10　检验批质量验收记录表(GB 50303—2015)

单位(子单位)工程名称				
分部(子分部)工程名称		验收部位		
施工单位		项目经理		
分包单位		分包项目经理		
施工执行标准名称及编号				
施工质量验收规范的规定			施工单位检查评定记录	监理(建设)单位验收记录
主控项目	1			
	2			
	3			
	4			
一般项目	1			
	2			
	3			
	4			
	5			
	6			
施工单位检查评定结果	专业工长(施工员)　　　　　　　施工班组长　　　　　　　　　　　　　　　　　　　　　　　项目专业质量检查员：　　　　　　　　　　　　　　年　月　日			
监理(建设)单位验收结论	专业监理工程师(建设单位项目专业技术负责人)：　　　　　　年　月　日			

知识链接

广州塔的防雷保护

每当有雷雨出现时，很多广州市民就会看到 600 m 高的广州塔与一条"火龙"对接的震撼画面。不少市民以为，这是雷电击中了广州塔。事实上，广州塔的顶、腰、底共设置了三重防雷保护，当雷电发生时，广州塔每次都是"接闪"，雷电被防雷装置化解了，塔并未"遭雷击"。

这里大家需要弄清楚防雷的两个术语："接闪"是建筑物和雷电的主动接触，不会造成损失；而"遭雷击"则是建筑物被雷电攻击，会造成损失。

任何建筑物都有可能"接闪"，只是建筑物越高就越容易"接闪"。根据广东省雷电监测网统计数据，广州塔所处区域年平均雷击大地密度高达 29 次/(年·km^2)，属于强雷暴区。广州塔总高度 600 m，而产生雷电的积雨云层的高度是 500～800 m，在雷雨天气，广州塔上端正好位于雷云内部，加上尖端放电效应，广州塔在积雨云到来时，频繁"接闪"就不可避免。

作为广州超高的地标建筑，广州塔在设计阶段就请防雷专家专门制定了一整套防雷保护措施。从云层直接打到天线桅杆的直击雷是防雷首先要考虑的对象。设计师在天线桅杆上专门安置了防雷接闪装置，并在塔身顶部设计了避雷网格，由它和塔身金属钢外筒、塔底的接地网格共同组成雷电的传导线路。一旦发生直击雷电，云层传来的电流可以顺着天线桅杆传导到避雷网格，再沿着塔身金属钢外筒、塔底的接地网格传到地下，不会对塔身造成伤害。

广州塔的防雷设计超过了现有建筑防雷技术标准的要求，部分设备的防雷能力甚至达到了军火仓库的程度。同时，广州塔还拥有雷电预警系统设备，实时连续监测塔附近的雷暴云产生的大气电场，以及云闪和地闪的发生情况，并结合大气电场预警指标，达到提前预警的效果，及时关闭塔顶区域，组织游客进入室内观光大厅，所以游客不用担心安全问题，塔内的游客和工作人员非常安全。

广州塔因其独特设计造型，与珠江交相辉映，以中国第一、世界第三的观光塔的地位，向世人展示腾飞中国、挑战自我、面向世界的视野和气魄。

项目六　室外电缆线路施工

班级：_____　姓名：_____　学号：_____　日期：_____　测评成绩：_____

工作任务	电缆直埋敷设	教学模式	项目教学＋任务驱动
建议学时	4 学时	教学地点	多媒体教室＋机房
任务描述	某综合楼建筑电气安装工程即将进入电缆直埋敷设工程施工阶段，请项目部组织施工员对电缆直埋敷设工程进行技术交底，并组织质量员及时进行分部分项工程质量检验，确保工程质量。施工图纸详见附录。 1. 请施工员识读施工图纸，编写电缆直埋敷设施工方案。 2. 请施工员根据工程要求，编制电缆直埋敷设技术交底文件，填写表 6-9。 3. 请技术员做好电缆直埋敷设的隐蔽记录，填写表 6-10。 4. 请质量员按照要求完成电缆直埋敷设的施工质量验收记录，填写表 6-11。		
学习目标	1. 能提出电缆直埋敷设材料要求，做好材料的进场验收； 2. 能选择电缆直埋敷设主要机具，提前做好施工准备； 3. 能明确电缆直埋敷设作业条件，做好施工衔接； 4. 能制定电缆直埋敷设施工工艺，树立良好的安全文明施工意识； 5. 能确定质量标准及质量控制措施，遵守相关法律法规、标准和管理规定； 6. 能进行隐蔽工程和分部分项工程质量检验，提高语言文字表达能力		
任务实施	施工阶段 ├─ 施工准备 │　├─ 阅读施工图纸 │　├─ 准备常用工具 │　├─ 材料选择与进场验收 │　├─ 编写施工方案 │　├─ 进行技术交底 │　└─ 制定质量控制措施 ├─ 施工过程 │　├─ 注意施工要点 │　├─ 严格按照工艺流程 │　├─ 随工检查 │　└─ 做好成品保护 └─ 质量检验 　　├─ 执行质量检验标准 　　└─ 做好检验记录		

续表

实施要点	电缆线路施工 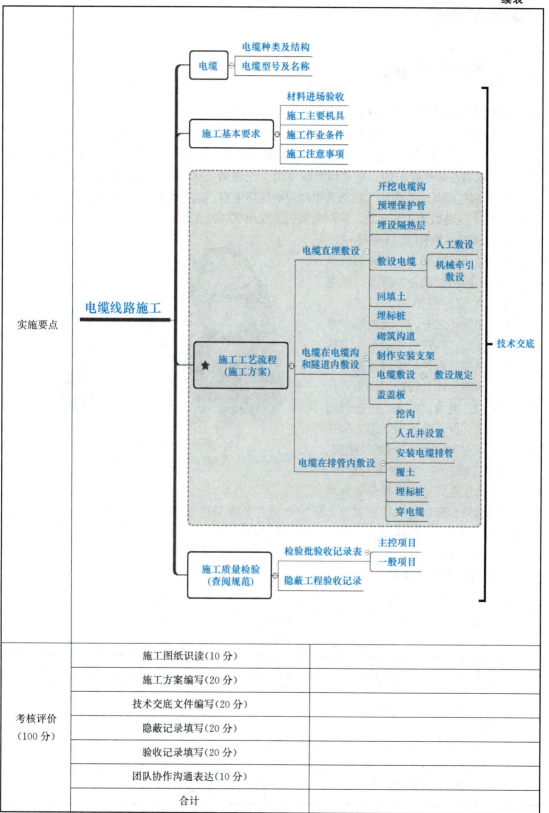		
考核评价 (100分)	施工图纸识读(10分)	
	施工方案编写(20分)	
	技术交底文件编写(20分)	
	隐蔽记录填写(20分)	
	验收记录填写(20分)	
	团队协作沟通表达(10分)	
	合计	

知识准备

一、电缆的基本知识

1. 电缆的种类及基本结构

电缆种类很多，在输配电系统中，最常用的电缆是电力电缆和控制电缆。

（1）电力电缆是用来输送和分配大功率电能的电缆。按其所采用的绝缘材料可分为纸绝缘电缆、聚氯乙烯绝缘电缆、聚乙烯绝缘电缆、交联聚乙烯绝缘电缆和橡皮绝缘电力电缆。

（2）控制电缆是在变电所二次回路中使用的低压电缆。运行电压一般在交流 500 V 或直流 1 000 V 以下，芯数为 4~48 芯。控制电缆的绝缘层材料及规格型号的表示与电力电缆相同。

电缆的基本结构都是由导电线芯、绝缘层及保护层 3 个主要部分组成的。其结构图如图 6-1 所示。线芯用来输送电流，有单芯、双芯、三芯、四芯和五芯之分，芯线的形状有圆形、半圆形、椭圆形和扇形；芯线的材质有铜和铝两种。绝缘层是将导电线芯与相邻导体及保护层隔离，用来抵抗电力、电流、电压、电场等对外界的作用，保证电流沿线芯方向传输。绝缘层材料通常采用纸、橡皮、聚氯乙烯、聚乙烯、交联聚乙烯等。保护层是为使电缆适应各种外界环境

图 6-1　电缆结构图
1—缆芯；2—绝缘层；3—内护层；4—铠装层；5—外护层

而在绝缘层外面所加的保护覆盖层，保护电缆在敷设和使用过程中免遭外界破坏。保护层可分为内护层和外护层两部分。内护层所用材料有铝套、铅套、橡套、聚氯乙烯护套和聚乙烯护套等；外护层是用来保护内护层的，包括铠装层和外护层。

2. 电缆的型号及名称

我国电缆的型号采用汉语拼音字母表示，有外护层时在字母后加上 2 个阿拉伯数字。常用的电缆型号中汉语拼音字母的含义及排列次序见表 6-1~表 6-3。

表 6-1　常用电缆型号字母含义及排列次序

类别	绝缘种类	线芯材料	内护层	其他特征	外护层
电力电缆不表示 K—控制电缆 Y—移动式软电缆 P—信号电缆 H—市内电话电缆	Z—纸绝缘 X—橡皮 V—聚氯乙烯 Y—聚乙烯 YJ—交联聚乙烯	T—铜（省略） L—铝	Q—铅护套 L—铝护套 H—橡套 (H)F—非燃性橡套 V—聚氯乙烯护套 Y—聚乙烯护套	D—不滴流 F—分相铅包 P—屏蔽 C—重型	两个数字 （含义见 表6-2）

表 6-2　电缆外护层代号的含义

第一个数字		第二个数字	
代号	铠装层类型	代号	外被层类型
0	无	0	无
1	—	1	纤维绕包
2	双钢带	2	聚氯乙烯护套
3	细圆钢丝	3	聚乙烯护套
4	粗圆钢丝	4	—

表 6-3　电缆外护层代号新旧对照表

新代号	旧代号	新代号	旧代号
02，03	1，11	(31)	3，13
20	20，120	32，33	23，39
(21)	2，12	(40)	50 150
22，23	22，29	41	5，25
30	30 130	42，43	59，15
注：表内括号内数字的外护层结构不推荐使用			

根据电缆的型号，就可以读出该种电缆的名称。如 ZQ$_{21}$-3×50-10-300，表示铜芯、纸绝缘、铅包、双钢带铠装、纤维外被层(如油麻)、三芯、50 mm^2、电压为 10 kV、长度为 300 m 的电力电缆。YJLV$_{22}$-3×120-10-250，表示铝芯、交联聚乙烯绝缘、聚乙烯内护套、双钢带铠装、聚氯乙烯外护套、三芯 120 mm^2、电压 10 kV、长度 250 m 的电力电缆。VV$_{22}$-(3×95+1×50)，表示铜芯、聚氯乙烯内护套、双钢带铠装、聚氯乙烯外护套、三芯 95 mm^2、一芯 50 mm^2 的电力电缆。

在实际建筑工程中，一般优先选用交联聚乙烯电缆。直埋电缆必须选用铠装电缆。

3. 电力电缆连接

由于电缆的绝缘层结构复杂，为了保证电缆连接后的整体绝缘性能及机械强度，在电缆敷设时要制作电缆头。在电缆首末端使用的称为终端头；在电缆中间连接时使用的称为中间头。电缆头外壳与电缆金属护套及铠装层均应良好接地。

在电缆干线与支线连接时通常使用分支接头。近年来，预制分支电力电缆的出现，免去了现场制作电缆头的麻烦。预制分支电力电缆由主干电缆、分支接头、分支电缆三部分组成。由于预制分支电力电缆的电缆接头是在工厂一次预制成型，免去了现场制作电缆接头的麻烦，提高了线路供电的可靠性。特别适用住宅楼宇中主干电缆选用。由于预制分支电力电缆需要工厂定做，电缆订货选型时，需要向生产厂家提供以下资料：主干电缆和分支电缆的规格与长度；建筑物楼层层高；用电点(配电盘)的位置等。电缆穿楼板和防火墙体处，应按防火规范要求进行防火封堵。预制分支电缆在竖井中安装的示意和分支接头如图 6-2、图 6-3 所示。

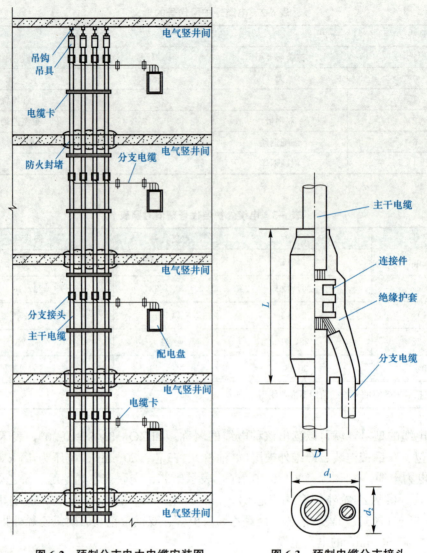

图 6-2 预制分支电力电缆安装图　　图 6-3 预制电缆分支接头

二、施工基本要求

(1)电缆敷设前应按下列要求进行检查:

1)直埋电缆沟深度、宽度、弯曲半径等符合设计和规程的要求。电缆通道畅通,排水良好。金属部分的防腐层完整。

2)电缆型号、电压、规格应符合设计要求。

3)电缆外观应无损伤,当对电缆的外观和密封状态有怀疑时,应进行潮湿判断;直埋电缆应试验并合格。外护套有导电层的电缆,应进行外护套绝缘电阻试验并合格。

4)充油电缆的油压不宜低于 0.15 MPa;供油阀门应在开启位置,动作应灵活;压力表指示应无异常;所有管接头应无渗漏油;油样应试验合格。

5)电缆放线架应放置稳妥,钢轴的强度和长度应与电缆盘质量和宽度相配合,敷设电缆的机具应检查并调试正常，电缆盘应有可靠的制动措施。

6）敷设前应按设计和实际路径计算每根电缆的长度，合理安排每盘电缆，减少电缆接头。中间接头位置应避免设置在交叉路口、建筑物门口、与其他管线交叉处或通道狭窄处。

7）在带电区域内敷设电缆，应有可靠的安全措施。

8）采用机械敷设电缆时，牵引机和导向机构应调试完好。

(2) 电缆敷设时，不应损坏电缆沟、隧道、电缆井和人井的防水层。

(3) 三相四线制系统中应采用四芯电力电缆，不应采用三芯电缆另加一根单芯电缆或以导线、电缆金属护套作中性线。

(4) 并联使用的电力电缆其长度、型号、规格应相同。

(5) 电力电缆在终端头与接头附近宜留有备用长度。

(6) 电缆各支持点间的距离应符合设计规定。当设计无规定时，不应大于表 6-4 中所列数值。

表 6-4　电缆各支持点间的距离　　　　　　　　　　　　　　　　　　　　mm

电缆种类		敷设方式	
		水平	垂直
电力电缆	全塑型	400	1 000
	除全塑型外的中低压电缆	800	1 500
	35 kV 及以上高压电缆	1 500	2 000
控制电缆		800	1 000

注：全塑型电力电缆水平敷设沿支架能把电缆固定时，支持点间的距离允许为 800 mm。

(7) 电缆的最小允许弯曲半径应符合表 6-5 的规定。

表 6-5　电缆最小允许弯曲半径

电缆形式		电缆外径/mm	多芯电缆	单芯电缆
塑料绝缘电缆	无铠装	—	15D	20D
	有铠装		12D	15D
橡皮绝缘电缆			10D	
控制电缆	非铠装型、屏蔽型软电缆	—	6D	
	铠装型、铜屏蔽型		12D	
	其他		10D	
铝合金导体电力电缆		—	7D	
氧化镁绝缘刚性矿物绝缘电缆		<7	2D	
		≥7，且<12	3D	
		≥12，且<15	4D	
		≥15	6D	
其他矿物绝缘电缆		—	15D	

注：D 为电缆外径。

(8)黏性油浸纸绝缘电缆最高点与最低点之间的最大位差,不应超过表6-6的规定;当不能满足要求时,应采用适应高位差的电缆。

表6-6 黏性油浸纸绝缘铅包电力电缆的最大允许敷设位差

电压/kV	电缆护层结构	最大允许敷设位差/m
1	无铠装	20
1	铠装	25
6~10	铠装或无铠装	15
35	铠装或无铠装	5

(9)电缆敷设时,电缆应从盘的上端引出,不应使电缆在支架上及地面摩擦拖拉。电缆上不得有铠装压扁、电缆绞拧、护层折裂等未消除的机械损伤。

(10)用机械敷设电缆时的最大牵引强度宜符合表6-7的规定,充油电缆总拉力不应超过27 kN。

表6-7 电缆最大牵引强度　　　　　　　　　　　　　　　N/mm²

牵引方式	牵引头		钢丝网套		
受力部位	铜芯	铝芯	铅套	铝套	塑料护套
允许牵引强度	70	40	10	40	7

(11)机械敷设电缆的速度不宜超过15 m/min,110 kV及以上电缆或在较复杂路径上敷设时,其速度应适当放慢。

(12)在使用机械敷设大截面电缆时,应在施工措施中确定敷设方法、线盘架设位置、电缆牵引方向,校核牵引力和侧压力,配备敷设人员和机具。

(13)机械敷设电缆时,应在牵引头或钢丝网套与牵引钢缆之间装设防捻器。

(14)110 kV及以上电缆敷设时,转弯处的侧压力应符合制造厂的规定;无规定时,不应大于3 kN/m。

(15)油浸纸绝缘电力电缆在切断后,应将端头立即铅封;塑料绝缘电缆应有可靠的防潮封端;充油电缆在切断后还应符合下列要求:

1)在任何情况下,充油电缆的任一段都应有压力油箱保持油压;

2)连接油管路时,应排除管内空气,并采用喷油连接;

3)充油电缆的切断处必须高于临近两侧的电缆;

4)切断电缆时不应有金属屑及污物进入电缆。

(16)敷设电缆时,电缆允许敷设最低温度,在敷设前24 h内的平均温度以及敷设现场的温度不应低于表6-8的规定;当温度低于表6-8规定值时,应采取措施(若厂家有要求,按厂家要求执行)。

表 6-8　电缆允许敷设最低温度

电缆类型	电缆结构	允许敷设最低温度/℃
油浸纸绝缘电力电缆	充油电缆	−10
	其他油纸电缆	0
橡皮绝缘电力电缆	橡皮或聚氯乙烯护套	−15
	铅护套钢带铠装	−7
塑料绝缘电力电缆	—	0
控制电缆	耐寒护套	−20
	橡皮绝缘聚氯乙烯护套	−15
	聚氯乙烯绝缘聚氯乙烯护套	−10

(17)电力电缆接头的布置应符合下列要求：

1)并列敷设的电缆，其接头的位置宜相互错开；

2)电缆明敷时的接头，应用托板托置固定；

3)直埋电缆接头应有防止机械损伤的保护机构或外设保护盒，位于冻土层内的保护盒，盒内宜注入沥青。

(18)电缆敷设时应排列整齐，不宜交叉，加以固定，并及时装设标志牌。

(19)标志牌的装设应符合下列要求：

1)生产厂房及变电站内应在电缆终端头、电缆接头处装设电缆标志牌。

2)城市电网电缆线路应在下列部位装设电缆标志牌：

①电缆终端及电缆接头处；

②电缆管两端，人孔及工作井处；

③电缆隧道内转弯处、电缆分支处直线段每隔50～100 m；

3)标志牌上应注明线路编号。当无编号时，应写明电缆型号、规格及起讫地点；并联使用的电缆应有顺序号。标志牌的字迹应清晰不易脱落。

4)标志牌规格宜统一。标志牌应能防腐，挂装应牢固。

(20)电缆进入电缆沟、隧道竖井建筑物盘(柜)及穿入管子时，出入口应封闭，管口应封闭。

(21)装有避雷针的照明灯塔，电缆敷设时尚应符合现行国家标准《电气装置安装工程—接地装置施工及验收规范》(GB 50169—2016)的有关规定。

三、施工工艺流程

(一)电缆直埋敷设

电缆直埋敷设是沿已选定的路线挖掘地沟，然后把电缆埋在沟内。一般电缆根数较少，且敷设距离较长时多采用此法。

将电缆直埋在地下，不需其他结构设施，具有施工简单，造价低，节省材料等优点。但存在挖掘土方量大和电缆可能受土中酸碱物质的腐蚀等缺点。

电缆直埋敷设施工工艺流程如图 6-4 所示。

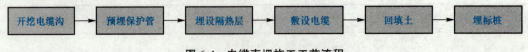

图 6-4　电缆直埋施工工艺流程

1. 开挖电缆沟

按图纸用白灰在地面上画出电缆行进的路线和沟的宽度。电缆沟的宽度取决于电缆的数量，如数条电力电缆或与控制电缆在同一沟内，则应考虑散热等因素。电缆沟的形状基本上是一个梯形，对于一般土质，沟顶应比沟底宽 200 mm。电缆沟深度一般要求不小于 800 mm，以保证电缆表面与地面的距离不小于 700 mm。当遇到障碍物或在冻土层以下及电缆沟的转角处，要挖成圆弧形，以保证电缆的弯曲半径。电缆接头的两端及引入建筑和引上电杆处须挖出备用电缆的预留坑。

2. 预埋保护管

当电缆与铁路、公路交叉，电缆进建筑物隧道，穿过楼板及墙壁及其他可能受到机械损伤的地方，应实现埋设电缆保护管，然后将电缆穿在管内。这样能防止电缆受机械损伤，而且也便于检查时电缆的拆换。电缆与铁路、公路交叉时，其保护管顶面距轨道底或公路面的深度不小于 1 m，管的长度除满足路面宽度外，还应两边各伸出 1 m，如图 6-5 所示。

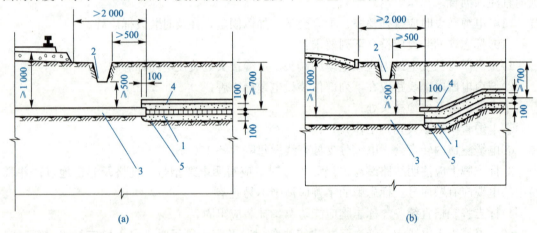

图 6-5　电缆与铁路、公路交叉敷设的做法

(a)电缆与铁路交叉；(b)电缆与公路交叉

1—电缆；2—排水沟；3—保护管；4—保护板；5—砂或软土

保护管可采用钢管或水泥管等。管的内径应不小于电缆直径的 1.5 倍。管道内部应无积水且无杂物堵塞。如果采用钢管，应在埋设前将管口加工成喇叭形，在电缆穿管时，可以防止管口割伤电缆。

电缆穿管时，应符合下列规定：

(1)每根电力电缆应单独穿入一根管内，但交流单芯电力电缆不得单独穿入钢管；

(2)裸铠装控制电缆不得与其他外护电缆穿入同一根管；

(3)敷设在混凝土管、陶土管、石棉水泥管的电缆，可使用塑料护套电缆。

3. 埋设隔热层

当电缆与热力管道交叉或接近时，其最小允许距离为平行敷设 2 m，交叉敷设 0.5 m。如果不能满足这个数值的要求时，应在接近段或交叉前后 1 m 范围内做隔热处理。在任何情况下，不能将电缆平行敷设在热力管道的上面或下面。

4. 敷设电缆

首先把运到现场的电缆进行核算，弄清楚每盘电缆的长度，确定中间接头的地方。按线路的具体情况，配置电缆长度，避免浪费。在核算时应注意不要把电缆接头放在道路交叉处，建筑物的大门口及其他管道交叉的地方，如在同一条电缆沟内有数条电缆并列敷设时，电缆接头的位置应互相错开，使电缆接头保持 2 m 以上的距离，以便日后检修。

电缆敷设常用的方法有两种，即人工敷设和机械牵引敷设。无论采用何种方法，都要先将电缆盘稳固地架设在放线架上，使它能自由地活动，然后从盘的上端引出电缆，逐渐松开放在滚轮上，用人工或机械向前牵引，如图 6-6 所示。在施放过程中，电缆盘的两侧应由专人协助转动，并备有适当的工具，以便随时刹住电缆盘。电缆放在沟底，不要拉得很直，应使电缆长度比沟长 0.5%～1%，这样可以防止电缆在冬季使用时，不致因冷缩导致长度变短而受过大的拉力。

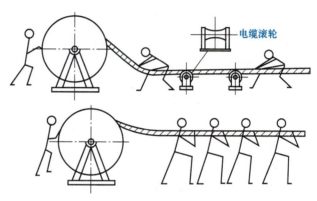

图 6-6 电缆用滚轮敷设

电缆的上、下须铺以不小于 100 mm 厚的细砂，再在上面铺盖一层砖或水泥预制盖板，其覆盖宽度应超过电缆两侧各 50 mm，以便将来挖土时，使电缆不受机械损伤。直埋电缆敷设如图 6-7 所示。

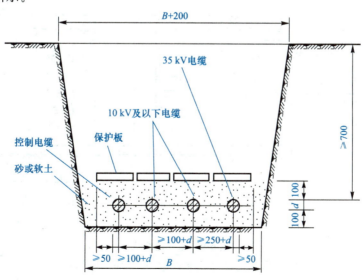

图 6-7 10 kV 及以下电缆直埋敷设

4. 回填土

电缆敷设完毕，应请建设单位、监理单位及施工单位的质量检查部门共同进行隐蔽工程验收，验收合格后方可覆盖、填土。填土时应分层夯实，覆土要高出地面 150～200 mm，以备松土沉陷。

5. 埋标桩

直埋电缆在直线段每隔 50～100 m 处、电缆的拐弯、接头、交叉、进出建筑物等地段应设标桩，标桩露出地面以 150 mm 为宜。

(二)电缆在电缆沟和隧道内敷设

电缆沟敷设方式主要适用在厂区或建筑物内地下电缆数量较多但不需采用隧道时以及城镇人行道开挖不便，且电缆需分期敷设时。电缆隧道敷设方式主要适用同一通道的地下中低压电缆达 40 根以上或高压单芯电缆多回路的情况，以及位于有腐蚀性液体或经常有地面水流溢出的场所。电缆沟和电缆隧道敷设具有维护、保养和检修方便等特点。

电缆沟和电缆隧道敷设的施工工艺流程如图 6-8 所示。

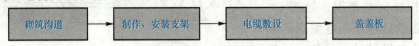

图 6-8　电缆沟和电缆隧道敷设施工工艺流程

1. 砌筑沟道

电缆沟和电缆隧道通常由土建专业人员用砖和水泥砌筑而成，其尺寸应按照设计图的规定。沟道砌筑好后，应有 5～7 天的保养期。电缆沟的断面如图 6-9 所示。电缆隧道内净高不应低于 1.9 m，有困难时局部地区可适当降低。电缆隧道的断面如图 6-10 所示。图中尺寸 C 与电缆的种类有关，当电力电缆为 36 kV 时，$C \geqslant 400$ mm；电力电缆为 10 kV 及以下时，$C \geqslant 300$ mm；若为控制电缆，$C \geqslant 250$ mm。其他各部分尺寸也应符合有关规定。

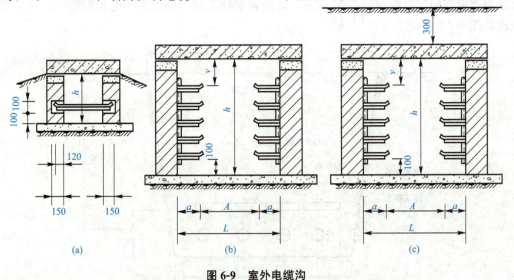

图 6-9　室外电缆沟

(a)无覆盖电缆沟(一)；(b)无覆盖电缆沟(二)；(c)有覆盖电缆沟

电缆沟和电缆隧道应采取防水措施，其底部应做成坡度不小于 0.5% 的排水沟，积水可及时直接接入排水管道或经积水坑、积水井用水泵抽出,以保证电缆线路在良好环境下运行。

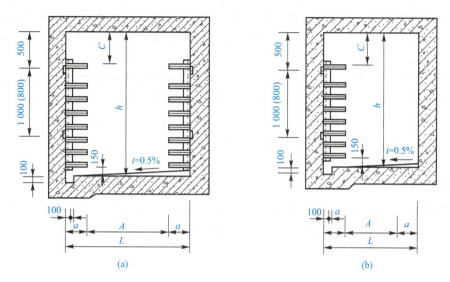

图 6-10 电缆隧道直线段
(a)双侧支架;(b)单侧支架

2. 制作、安装支架

常用的支架有角钢支架和装配式支架。角钢支架需要自行加工制作,装配式支架由工厂加工制作。支架的选择、加工要求一般由工程设计决定,也可以按照标准图集的做法加工制作。安装支架时,宜找好直线段两端支架的准确位置,先安装固定好,然后拉通线再安装中间部位的支架,最后安装转角和分岔处的支架。角钢支架安装如图 6-11 所示。

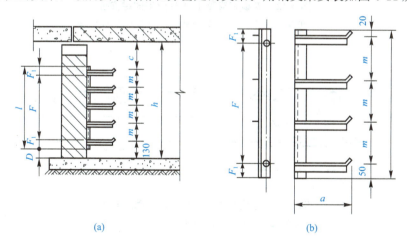

图 6-11 支架安装和支架组合尺寸图
(a)支架安装尺寸;(b)支架组合尺寸

支架制作、安装一般要求如下:
(1)制作电缆支架所使用的材料必须是标准钢材,且应平直,无明显扭曲。
(2)电缆支架制作中,严禁使用电、气焊割孔。

(3)在电缆沟内支架的层架(横撑)长度不宜超过 0.35 m,在电缆隧道内支架的层架(横撑)长度不宜超过 0.5 m,保证支架安装后在电缆沟、电缆隧道内留有一定的通路宽度。

(4)电缆沟支架组合和主架安装尺寸,支架层间垂直距离和通道宽度的最小净距,电缆支架最上层及最下层至沟顶和沟底的距离,电缆支架间或固定点间的最大距离等应符合设计要求或有关规定。

(5)支架在室外敷设时,应进行镀锌处理,否则宜采用涂磷代底漆一道、过氧乙烯漆两道。如支架用于湿热、烟雾及有化学腐蚀地区时,应根据设计做特殊的防腐处理。

(6)为防止电缆产生故障时危及人身安全,电缆支架全长均应有良好的接地。当电缆线路较长时,还应根据设计进行多点接地。接地线应采用直径不小于 $\phi 12$ mm 的镀锌圆钢,并应在电缆敷设前与支架焊接。

3. 电缆敷设

按电缆沟或电缆隧道的电缆布置图敷设电缆并逐条加以固定,固定电缆可采用管卡子或单边管卡子,也可用 U 形夹及 Π 形夹固定。电缆固定的方法如图 6-12 和图 6-13 所示。

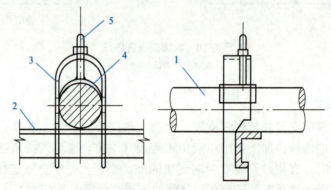

图 6-12 电缆在支架上用 U 形夹固定安装
1—电缆;2—支架;3—U 形夹;4—压板;5—螺栓

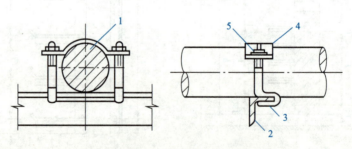

图 6-13 电缆在支架上用 Π 形夹固定安装
1—电缆;2—支架;3—Π 形夹;4—压板;5—螺母

电缆沟或电缆隧道电缆敷设的一般规定如下:

(1)各种电缆在支架上的排列顺序:高压电力电缆应放在低压电力电缆的上层;电力电缆应放在控制电缆的上层;强电控制电缆应放在弱电控制电缆的上层。若电缆沟和电缆隧道两侧均有支架时,1 kV 以下的电力电缆与控制电缆应与 1 kV 以上的电力电缆分别敷设在不同侧的支架上。

(2)电力电缆在电缆沟或电缆隧道内并列敷设时,水平净距应符合设计要求,一般可为35 mm,但不应小于电缆的外径。

(3)敷设在电缆沟的电力电缆与热力管道、热力设备之间的净距,平行时不小于1 m,交叉时不应小于0.5 m。如果受条件限制,无法满足净距要求,则应采取隔热保护措施。

(4)电缆不宜平行敷设于热力设备和热力管道上部。

4. 盖盖板

电缆沟盖板的材料有水泥预制块、钢板和木板。采用钢板时,钢板应做防腐处理。采用木板时,木板应做防火、防蛀和防腐处理。电缆敷设完毕后,应清除杂物,盖好盖板,必要时还应将盖板缝隙密封。

(三)电缆在排管内敷设

电缆排管敷设方式适用电缆数量不多(一般不超过12根),而与道路交叉较多,路径拥挤,又不宜采用直埋或电缆沟敷设的地段。穿电缆的排管大多是水泥预制块,如图6-14所示。排管也可采用混凝土管或石棉水泥管。

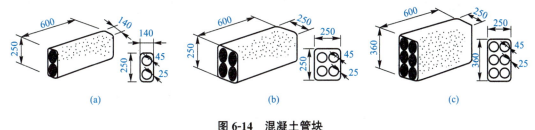

图6-14 混凝土管块
(a)2孔;(b)4孔;(c)6孔

电缆排管敷设的施工工艺流程如图6-15所示。

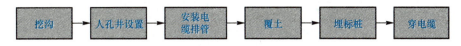

图6-15 电缆排管敷设施工工艺流程

1. 挖沟

电缆排管敷设时,首先应根据选定的路径挖沟,沟的挖设深度为0.7 m加排管厚度,宽度略大于排管的宽度。排管沟的底部应垫平夯实,并应铺设厚度不小于80 mm的混凝土垫层。垫层坚固后方可安装电缆排管。

2. 人孔井设置

为便于敷设、拉引电缆,在敷设线路的转角处、分支处和直线段超过一定长度时,均应设置人孔井。一般人孔井间距不宜大于150 m,净空高度不应小于1.8 m,其上部直径不小于0.7 m。人孔井内应设集水坑,以便集中排水。人孔井由土建专业人员用水泥砖块砌筑而成。人孔井的盖板也是水泥预制板,待电缆敷设完毕后,应及时盖好盖板。

3. 安装电缆排管

将准备好的排管放入沟内,用专用螺栓将排管连接起来,既要保证排管连接平直,又要保证连接处密封。排管安装的要求如下:

（1）排管孔的内径不应小于电缆外径的 1.5 倍，但电力电缆的管孔内径不应小于 90 mm，控制电缆的管孔内径不应小于 75 mm。

（2）排管应倾向人孔井侧有不小于 0.5% 的排水坡度，以便及时排水。

（3）排管的埋设深度为排管顶部距离地面不小于 0.7 m，在人行道下面可不小于 0.5 m。

（4）在选用的排管中，排管孔数应充分考虑发展需要的预留备用。一般不得少于 1 孔，备用回路配置于中间孔位。

4. 覆土

与直埋电缆的方式类似。

5. 埋标桩

与直埋电缆的方式类似。

6. 穿电缆

穿电缆前，首先应清除孔内杂物，然后穿引线，引线可采用毛竹片或钢丝绳。在排管中敷设电缆时，把电缆盘放在井坑口，然后用预先穿入排管孔眼中的钢丝绳，将电缆拉入管孔，为了防止电缆受损伤，排管口应套以光滑的喇叭口，井坑口应装设滑轮，如图 6-16 所示。

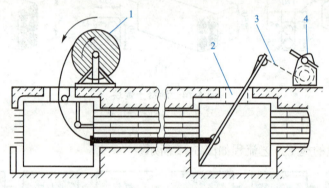

图 6-16　在两人孔井间拉引电缆

1—电缆盘；2—井坑；3—绳索；4—绞磨

📋 工作任务

1. 编写电缆直埋敷设施工方案。

_____
_____
_____
_____
_____

2. 编写电缆直埋敷设技术交底记录(表 6-9)。

表 6-9　技术交底记录

工程名称		交底日期	
施工单位		分项工程名称	
交底提要			

交底内容：

审核人		交底人		接受交底人	

注：1. 本表由施工单位填写，交底单位与接受交底单位各存一份。
　　2. 当做分项工程施工技术交底时，应填写"分项工程名称"栏，其他技术交底可不填写。

3. 填写电缆直埋敷设隐蔽工程验收记录(表 6-10)。

表 6-10　隐蔽工程验收记录表

工程名称			分项工程名称			
施工单位			专业工长		项目经理	
分包单位			分包项目经理		施工班长	
建设单位			监理单位			
设计图号		隐蔽部位		隐蔽物名称		

隐蔽内容及草图：

施工单位检查意见：

单位工程专业技术负责人：　　　　　　　　　　　　　　　　　　年　月　日

监理单位检查意见：

专业监理工程师：　　　　　　　　　　　　　　　　　　　　　　年　月　日

4. 填写电缆直埋敷设检验批质量验收记录(表6-11)。

表6-11 检验批质量验收记录表(GB 50168—2018)

单位(子单位)工程名称				
分部(子分部)工程名称		验收部位		
施工单位		项目经理		
分包单位		分包项目经理		
施工执行标准名称及编号				
施工质量验收规范的规定			施工单位检查评定记录	监理(建设)单位验收记录
敷设前检查	电缆			
电缆敷设	端头密封			
电缆回填				
	方位标志(桩)检查			
	专业工长(施工员)		施工班组长	
施工单位检查评定结果	项目专业质量检查员: 　　　　　　　　　年　月　日			
监理(建设)单位验收结论	专业监理工程师(建设单位项目专业技术负责人): 　　　　　　　年　月　日			

终极能源"人造太阳"

能源是当今世界上最关心的问题之一,石油、煤等能源的燃烧都会造成环境污染。因此,寻找一种清洁、安全、储量丰富的能源就成为人类数百年来孜孜以求的梦想。如今,这一梦想正在中国科学家的努力下慢慢变为现实。

2020年12月4日,新一代"人造太阳"装置——中国环流器二号M装置(HL-2M)在成都建成并实现首次放电,标志着中国自主掌握了大型先进托卡马克装置的设计、建造、运行技术,为我国核聚变堆的自主设计与建造打下坚实基础。"人造太阳"是可控核聚变装置的俗称,开发聚变能源是全球核聚变人一代代接力奔跑,致力于照亮人类未来的终极能源梦想。

核能由于高效和燃料成本低获得了广泛的应用。世界上现有的核电站都是利用放射性物质的核裂变来发电的。但是其最大的缺点是可能对周围环境产生放射性污染,并且核反应堆一旦失控还会引发灾难性后果。1986年的切尔诺贝利核电站事故造成9.3万人患癌死亡,苏联15万平方千米的地区受到严重污染,专家估计彻底消除该事故的后遗症约需800年。但是人造太阳所利用的核聚变反应则不需要放射性物质,因此也不会产生放射性污染。更值得一提的是,核聚变的原料氘和氚广泛存在于海水之中,取之不尽,用之不竭。据专家介绍,1 L海能量水通过核聚变所产生的相当于300 L汽油,地球全部海水中蕴含的能量足够人类使用上百亿年。

正是因为可控核聚变技术是一项功在当代、利在千秋的伟业,中国从新中国成立之初就极其重视对该领域的探索。早在1955年,钱三强等科学家便提议开展中国的"可控热核反应"研究,这与当时国际核物理学界对核聚变的关注几乎是同步的。1984年,我国自主设计、建造、运行的"人造太阳"环流器一号(HL-1)建成;1995年我国第一个超导托卡马克装置HT-7在合肥建成;2002年我国建成第一个具有偏滤器位形的托卡马克装置中国环流器二号A(HL-2A);2006年,世界上第一个全超导托卡马克装置东方超环首次等离子体放电成功……这一系列成就让我国的核聚变研究从无到有、从弱到强,逐渐走在了世界的前列。

2007年,我国加入了国际热核聚变实验堆(ITER)计划。ITER是由世界上30多个国家共同合作的大型工程计划,目的是通过建造反应堆级的核聚变装置,把"人造太阳"的梦想变为现实。在此计划中,我国承担了ITER10%的采购包,并争取到了其中最重要的核心设备"超导磁体"的安装工程。这标志着我国在核聚变的国际舞台上有了更大的话语权。

中国之所以数十年如一日在核聚变领域坚持投入与研究,是因为中国始终以人类命运共同体的理念为指引,主动履行负责任大国的使命与担当,不断为解决人类问题提供中国智慧与中国方案。在2021年的全国两会上,"碳达峰"与"碳中和"首次被写入政府工作报告。实现"双碳"目标时间紧、任务重,要求我国必须在未来调整能源结构,推动构建以绿色、低碳能源为主导的新型消费能源体系。而中国"人造太阳"的日渐完善和成熟必将为中国履行"双碳"承诺增添强大的助力。

参 考 文 献

[1] 刘宝珊,刘劲松,刘劲辉. 建筑电气安装分项工程施工工艺标准[M]. 2版. 北京:中国建筑工业出版社,2004.

[2] 北京建工集团有限责任公司. 建筑设备安装分项工程施工工艺标准[M]. 3版. 北京:中国建筑工业出版社,2008.

[3] 中华人民共和国住房和城乡建设部. GB 51348—2019民用建筑电气设计标准[S]. 北京:中国建筑工业出版社,2019.

[4] 中华人民共和国住房和城乡建设部. GB 50300—2013建筑工程施工质量验收统一标准[S]. 北京:中国建筑工业出版社,2014.

[5] 中华人民共和国住房和城乡建设部. GB 50303—2015建筑电气工程施工质量验收规范[S]. 北京:中国建筑工业出版社,2016.

[6] 中华人民共和国住房和城乡建设部. GB 50168—2018电气装置安装工程 电缆线路施工及验收标准[S]. 北京:中国计划出版社,2018.

[7] 杨光臣. 建筑电气工程施工[M]. 4版. 重庆:重庆大学出版社,2016.

[8] 李英姿. 建筑电气施工技术[M]. 北京:机械工业出版社,2003.

[9] 韩永学. 建筑电气施工技术[M]. 3版. 北京:中国建筑工业出版社,2015.

[10] 曹文斌. 简明建筑设备安装技术手册[M]. 北京:中国建筑工业出版社,2004.

[11] 谢社初,胡联红. 建筑电气施工技术[M]. 武汉:武汉理工大学出版社,2008.

[12] 岳井峰. 看图学电气安装工程预算[M]. 2版. 北京:中国电力出版社,2011.

[13] 岳井峰. 建筑电气施工技术[M]. 北京:北京理工大学出版社,2017.